Aminallah Tahmasebi
Mohamad Hamed Ghodoum Parizipour

Supressores de silenciamento de ARN codificados por vírus

Aminallah Tahmasebi
Mohamad Hamed Ghodoum Parizipour

Supressores de silenciamento de ARN codificados por vírus

Ferramentas para melhorar a expressão de proteínas em plantas

ScienciaScripts

Imprint

Cover image: www.ingimage.com

This book is a translation from the original published under ISBN 978-620-2-05974-9.

Publisher:
Sciencia Scripts
is a trademark of
Dodo Books Indian Ocean Ltd. and OmniScriptum S.R.L publishing group

120 High Road, East Finchley, London, N2 9ED, United Kingdom
Str. Armeneasca 28/1, office 1, Chisinau MD-2012, Republic of Moldova, Europe
Printed at: see last page
ISBN: 978-620-7-89921-0

Prefácio

Devido à produção cada vez mais rápida de dados sobre aspectos biológicos, moleculares e bioinformáticos da virologia vegetal, é altamente necessário rever os artigos de investigação realizados para compreender as tendências científicas que se estão a formar na comunidade de investigação e produzir conclusões baseadas em experiências que, uma a uma, preencham as lacunas de informação na vasta área da ciência dos vírus. O presente livro foi escrito com o objetivo de apresentar, discutir e analisar as possíveis aplicações de um novo tipo interessante de proteína codificada por vírus, ou seja, o supressor de silenciamento do ARN, em investigações moleculares anteriores, em curso e futuras. Discutiu-se a utilização prática desta família de proteínas em várias investigações moleculares e traçaram-se também as perspectivas futuras desta aplicação. Do ponto de vista biotecnológico, estas proteínas representam ferramentas potenciais que podem ser frequentemente utilizadas para a produção em massa de uma proteína desejada num sistema de expressão amigo do ambiente. Como uma revisão abrangente, as vantagens e desvantagens desta abordagem foram registadas aqui. Esperamos que o nosso livro ajude a compreender melhor esta área virológica.

Aminallah Tahmasebi

Mohamad Hamed Ghodoum Parizipour

outubro de 2017

Conteúdo

Capítulo 1

Introdução

Graças aos avanços extraordinários da biotecnologia, é possível transferir o gene de uma determinada proteína para células vivas para a produção *in vivo* da proteína, o que se designa por expressão proteica (Brown, 2010). Em primeiro lugar, a sequência de nucleótidos, quer se trate de ácido ribonucleico (ARN) ou de ácido desoxirribonucleico (ADN), da proteína selecionada é inserida num plasmídeo de clonagem (ligação) e o plasmídeo recombinante é então transformado num hospedeiro bacteriano de clonagem (geralmente *Escherichia coli*). A extração do plasmídeo das células bacterianas resulta num grande número de plasmídeos recombinantes, que é restringido utilizando determinadas enzimas para obter uma quantidade suficiente de gene clonado para as etapas seguintes. Em seguida, o gene clonado é inserido num plasmídeo de expressão. Geralmente, existem dois métodos para a expressão do gene desejado: os métodos de expressão transiente e transgénico. No primeiro método, o plasmídeo de expressão que alberga o gene desejado é introduzido diretamente num hospedeiro de expressão (geralmente uma célula vegetal). Após o estabelecimento do plasmídeo de expressão recombinante no espaço citoplasmático, a proteína recombinante expressar-se-ia interacelularmente. No segundo método, o plasmídeo de expressão recombinante é transformado num hospedeiro bacteriano (geralmente *Agrobacterium tumefaciens*) e as células bacterianas são inoculadas na planta. Devido à natureza genética da bactéria, a sequência genética exógena é transferida para a célula vegetal e integrada no genoma. A planta transgénica exprime sistematicamente o gene exógeno, o que conduz à produção em massa da proteína desejada (figura 1). Uma vez que o método é geralmente designado por tecnologia de ADN recombinante, a proteína resultante é designada por ptoteína recombinante. Atualmente, a procura global de produção de grandes quantidades de proteínas recombinantes para aplicações médicas e biológicas práticas, como vacinas, enzimas industriais e componentes de novas nanopartículas, está a aumentar significativamente (Lico e Santi, 2008; Pogue et al., 2002).

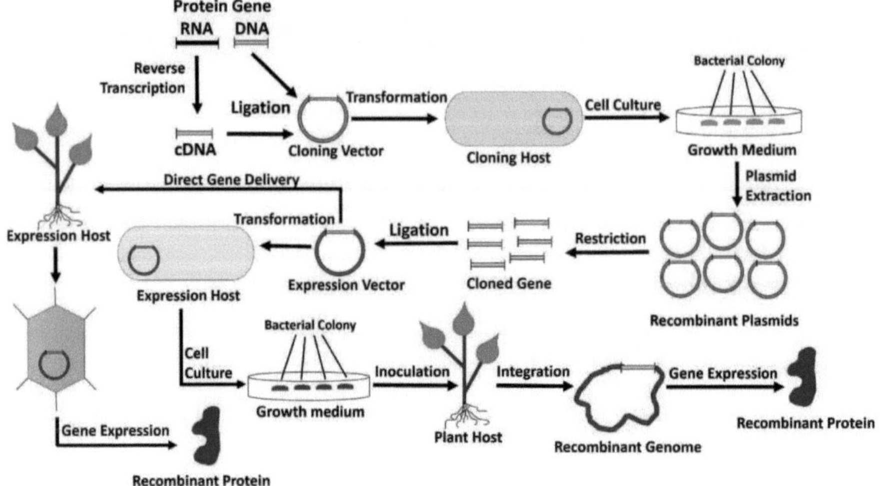

Figura 1. A visão esquemática da produção de uma proteína recombinante a partir de uma sequência de nucleótidos modelo utilizando uma abordagem biotecnológica. As escalas não são reais.

As plantas são um dos sistemas *in vivo* mais populares utilizados para a expressão de proteínas, uma vez que são os sistemas mais económicos e seguros para a produção em grande escala de proteínas recombinantes. No entanto, o nível de expressão obtido é frequentemente afetado de forma negativa através da ativação do sistema de silenciamento de RNA (Lindbo et al., 1993), que é considerado um mecanismo conservado utilizado por eucariotas, incluindo animais, fungos e plantas, no qual o mRNA viral ou o mRNA expresso por transgenes é degradado para desativar a expressão genética (Bologna e Voinnet 2014).

Para ultrapassar este problema, os vírus das plantas desenvolveram supressores de silenciamento de ARN que interferem com a maquinaria de silenciamento de ARN da célula hospedeira em diferentes fases (Pumplin e Voinnet 2013). Uma vez que os supressores de silenciamento codificados por vírus de plantas, insectos e vertebrados interferem com as vias de silenciamento de uma forma não específica da sequência, coloca-se a questão de saber se os supressores podem ser utilizados para aumentar a expressão de genes estranhos nas plantas. Para apoiar essa possibilidade, vários estudos mostraram que os supressores codificados por vírus impediram eficazmente o silenciamento do ARN nas plantas para permitir níveis elevados de genes repórteres expressos transitoriamente ou transgenicamente (Anandalakshmi et al., 1998; Brigneti et al., 1998; Kasschau e Carrington, 1998; Voinnet et al., 1999, 2003).

A expressão transiente de proteínas exógenas em plantas tem sido mediada por diferentes ensaios, incluindo a amplificação transiente baseada em vectores virais (Fischer et al., 2004; Varsani et al., 2006).

O desenvolvimento de um sistema de genética reversa, e especialmente o facto de o genoma do vírus poder ser manipulado, abriu novas oportunidades para estudos destinados a explorar o potencial dos vírus de plantas como vectores para expressar proteínas estranhas. O uso de clones de cDNA de vírus, como os que expressam a proteína flourescente verde (GFP), facilita muito a triagem de alto rendimento, para gerar proteínas recombinantes (Hull, 2014; Boyer e Haenni, 1994). A produção *in vitro* de ARN viral biologicamente ativo a partir de clones de cDNA tornou-se um passo essencial na análise genética molecular de vírus de ARN de cadeia positiva e no desenvolvimento de novos vectores e vacinas virais (Boyer e Haenni, 1994).

O silenciamento do ARN é um importante mecanismo de defesa antiviral que defende diretamente as células hospedeiras contra ácidos nucleicos estranhos, incluindo os vírus (Voinnet, 2009). As plantas protegem-se contra os vírus através de diferentes mecanismos, incluindo o silenciamento do ARN, uma resposta de defesa antiviral baseada na degradação do ARN (Pumplin e Voinnet, 2013). É desencadeado por RNA de cadeia dupla (dsRNA) que se acumula na infeção viral como intermediários de replicação ou produtos da ação da RNA polimerase dependente de RNA do hospedeiro em modelos virais (Ding, 2010). Os dsRNAs são processados por enzimas do tipo Dicer em RNAs de interferência curtos (siRNAs) de 21-24 nucleótidos (nts). Uma das cadeias dos duplexes de siRNA é incorporada num RISC (complexo de silenciamento induzido por RNA) contendo ARGONAUTE (AGO) para orientar a degradação específica da sequência do RNA viral homólogo (Ding e Voinnet, 2007). AGO1 desempenha um papel fundamental no RISC na defesa antiviral baseada no silenciamento pós-transcricional de genes (Baumberger e Baulcombe, 2005; Wang et al., 2011).

Como mecanismo de contra-defesa, os vírus de plantas codificam supressores virais de silenciamento de RNA (VSR) que podem bloquear o processo antiviral de silenciamento de RNA em várias etapas da via (Ding e Voinnet, 2007; Pumplin e Voinnet, 2013). A Tabela 1 apresenta os supressores virais do silenciamento de RNA que foram relatados para diferentes grupos de vírus de plantas. Recentemente, verificou-se que a degradação de AGO1 por supressores virais depende da autofagia selectiva (Derrien et al., 2012). Além disso, a autofagia pode ser implantada como um sistema de defesa contra supressores de silenciamento de RNA viral (Nakahara et al., 2012). A autofagia pode promover a imunidade antiviral através da transferência de vírus do citoplasma para o lisossoma para degradação ou a transferência de componentes virais para compartimentos subcelulares específicos para a ativação da imunidade antiviral inata ou adaptativa (Shoji-Kawata e Levine, 2009). A autofagia activada pode visar diretamente agentes patogénicos intracelulares, como bactérias e vírus, para degradação em lisossomas/vacúolos (Deretic, 2012; Levine et al., 2011; Shoji-Kawata e Levine, 2009). Estudos recentes também revelaram o envolvimento da autofagia no silenciamento antiviral do RNA das plantas, quer implantado como um sistema de defesa contra os supressores de silenciamento do RNA viral, quer subvertido como um mecanismo de contra-defesa por vírus invasores para a inativação de componentes da maquinaria de silenciamento do RNA das plantas. A autofagia também está envolvida na degradação de proteínas vegetais e virais associadas ao silenciamento de RNA induzido por dsRNA, que desempenha um papel fundamental na defesa antiviral das plantas (Derrien et al., 2012; Nakahara et al., 2012). A autofagia influencia os resultados dos agentes patogénicos das plantas através de interfaces com uma série de facetas importantes da imunidade inata das plantas, incluindo a defesa regulada pelo ácido salicílico (SA) e pelo ácido jasmónico (JA) e o silenciamento de RNA induzido por vírus (Zhou et al., 2014).

Tabela 1. Supressores de silenciamento de RNA codificados por vírus de plantas.

Viral family	Virus	Suppressors	Other functions	References
Positive-strand RNA viruses in plants				
Carmovirus	Turnip Crinkle virus	P38	Coat protein	Thomas et al., 2003
Cucumovirus	Cucumber mosaic virus; tomato aspermy virus	2b	Host-specific movement	Brigneti et al., 1998
Closterovirus	Beet yellows virus Citrus tristeza virus Tomato chlorosis virus	P21 P20 P23 CP P22	Replication enhancer Replication enhancer Nucleic-acid binding Coat protein	Reed et al., 2003 Lu et al., 2004
Comovirus	Cowpea mosaic virus	S protein	Small coat protein	Liu et al., 2004
Hordeivirus	Barley yellow mosaic virus	γb	Replication enhancer; movement; seed transmission; pathogenicity determinant	Yelina et al., 2002
Pecluvirus	Peanut clump virus	P15	Movement	Dunoyer et al., 2002
Polerovirus	Beet western yellows virus; cucurbit aphid-borne yellows virus; cucurbit aphid-borne yellows virus	P0	Pathogenicity determinant	Pfeffer et al., 2002
Potexvirus	Potato virus X	P25	Movement	Voinnet et al., 2000
Potyvirus	Potato virus Y; tobacco etch virus; turnip yellow virus; Cucumber vein yellowing virus	HcPro P1	Movement; polyprotein processing; aphid transmission; pathogenicity Determinant protease	Anandalakshmi et al., 1998 Kasschau et al., 1998 Brigneti et al., 1998 Valli et al., 2006
Sobemovirus	Rice yellow mottle virus	P1	Movement; pathogenicity determinant	Voinnet et al., 1999
Tenuivirus	Rice hoja blanca virus	NS3	Unknown	Hemmes et al., 2007
Tombusvirus	Tomato bushy stunt virus; cymbidium ringspot virus; carnation Italian ringspot virus	P19	Movement; pathogenicity determinant	Voinnet et al., 1999

Tobamovirus	Tobacco mosaic virus; tomato mosaic virus	P30	Replication	Kubota et al., 2003
Tobravirus	Tobacco rattle virus	16K	Unknown	Martín-Hernández and Baulcombe, 2008
Tymovirus	Turnip yellow mosaic virus	P69	Movement; pathogenicity determinant	Chen et al., 2004
Negative-strand RNA viruses in plants				
Tospovirus	Tomato spotted wilt virus	NSs	Pathogenicity determinant	Bucher et al., 2003
Tenuivirus	Rice hoja blanca virus	NS3	Unknown	
DNA viruses in plants				
Geminivirus	African cassava mosaic virus Tomato yellow leaf curl virus Mungbean yellow mosaic virus Tomato yellow leaf curl China virus Tomato yellow leaf curl virus Tomato golden mosaic virus Beet curly top virus Bhendi yellow vein mosaic virus	AC2 C2 protein (TrAP) C2 βC1 V2 AL2 L2 C4	Transcriptional activator pathogenicity determinant transcription factor pathogenicity determinant Unknown	Voinnet et al., 1999 van Wezel et al., 2002 Cui et al., 2005 Zrachya et al., 2007 Wang et al., 2005 Gopal et al., 2007
Caulimovirus	Cauliflower mosaic virus	P6	pathogenicity determinant	Love et al., 2007

*HcPro, componente auxiliar da proteinase; PKR, uma proteína quinase dependente de ARN.

Os repressores de silenciamento viral (VSRs) também podem regular as vias de sinalização mediadas por SA e JA (Westwood et al., 2014). Foi relatado que o silenciamento do RNA do hospedeiro reduz a eficiência da expressão transiente em plantas (Voinnet et al., 2003; Johansen e Carrington, 2001). Para sobreviver em hospedeiros com silenciamento de RNA, os vírus desenvolveram uma contra defesa codificando proteínas que interrompem a via de silenciamento de RNA, conhecidas como VSR (Knippenberg et al., 2004). As VSRs interagem com os elementos da via de silenciamento para bloquear o silenciamento dos genes (Kasschau e Carrington, 1998; Brigneti et al., 1998; Baulcombe 2002).

Aparentemente, o efeito dos VSRs no aumento do nível de proteína exógena pode dever-se à sua forte atividade supressora do silenciamento do ARN para evitar o mecanismo de silenciamento do ARN do hospedeiro. Resultados semelhantes foram obtidos anteriormente quando a GFP foi expressa transitoriamente, e o aumento foi atribuído à estabilização do mRNA da GFP pela supressão do silenciamento do RNA. A proteína supressora p19 do Tomato bushy stunt virus (TBSV) aumentou a expressão de GFP 50 vezes mais do que o nível de um controlo (Voinnet et al., 2003). Noutra experiência que utilizou o sistema de vetor baseado em réplicas do Beet curly top virus (BCTV) para a expressão transiente de GFP, na presença da proteína p19, a expressão de GFP aumentou até 240% (3 vezes mais do que a do controlo). Além disso, a análise Western blot indicou que os níveis de GFP na presença de Tobacco etch virus (TEV) HC-Pro e TBSV p19 eram 1,1 e 2,4 vezes superiores, respetivamente, aos níveis de um controlo sem supressor (Kim et al., 2007).

O vírus da batata A HC-Pro, como supressor viral do silenciamento de ARN, foi infiltrado em trans por *A. tumefaciens*, levando a um aumento do diâmetro dos focos de GFP para seis e até mais células. O nível de expressão de GFP em plantas inoculadas com transcrição TCV-sGFP pré-infiltrada com PVA HC-Pro foi 12,97 vezes superior ao nível de acumulação de GFP em folhas pré-infiltradas com controlo de plasmídeo vazio (EP). Além disso, o rendimento de GFP em plantas *de Nicotiana benthamiana inoculadas* com o transcrito TCV- sGFP tampado pré-infiltrado com EP e PVA HC-Pro foi 1,54 e 1,2 vezes, respetivamente, superior ao nível de GFP expresso aos 5 dias após a inoculação (dpi). Além disso, o movimento do TCV-sGFP foi aumentado em algumas células das folhas inoculadas. Os resultados deste estudo indicaram que o PVA HC-Pro pode aumentar a expressão de GFP e seu movimento de célula para célula em *N. benthamiana* (Tahmasebi e Afsharifar, 2017).

As alterações específicas e as experiências de substituição de genes no genoma viral permitirão o estudo da replicação, do desenvolvimento de sintomas, da gama de hospedeiros e dos elementos de ação cis necessários para a replicação e montagem.

Um objetivo importante para as empresas comerciais é produzir uma grande proporção de proteínas recombinantes para investigação médica, incluindo vacinas, em sistemas vegetais (Lico e Santi, 2008; Pogue et al., 2002). Assim, o principal objetivo deste livro é rever as aplicações de VSRs no aumento do nível de expressão de proteínas exógenas em plantas com maquinaria ativa de silenciamento de RNA. Estas propriedades introduziriam os VSRs como candidatos potentes em sistemas de expressão vegetal de pequena e grande escala para permitir um elevado rendimento de proteínas estranhas.

Capítulo 2

Seleção do sistema de expressão

As plantas oferecem várias vantagens em comparação com outros sistemas de expressão de proteínas recombinantes, que incluem (1) a posse de maquinaria eucariótica de modificação pós-traducional, (2) aumento de escala simples e de baixo custo para o fabrico e (3) segurança de utilização de produtos derivados de plantas em seres humanos ou animais devido à ausência de agentes patogénicos de mamíferos. Além disso, as proteínas produzidas em plantas estão isentas de toxinas que podem contaminar as preparações provenientes de culturas de células bacterianas ou de mamíferos. A glicosilação ligada ao N é uma modificação pós-traducional importante para a dobragem de algumas proteínas eucarióticas. As abordagens para a produção de proteínas recombinantes em plantas incluem duas estratégias principais, como a expressão transgénica e a expressão transiente do alvo. Na transgénica, o gene alvo é incorporado no genoma nuclear da planta ou no genoma do cloroplasto, enquanto na transiente, a proteína recombinante é expressa sem integração prévia no genoma da planta hospedeira. Apesar das vantagens, como o baixo custo de produção, a posse de maquinaria eucariótica de modificação pós-traducional e a estabilidade da proteína-alvo, a abordagem das plantas transgénicas apresenta algumas preocupações, principalmente associadas ao longo tempo de desenvolvimento e, no caso dos transgénicos nucleares, aos baixos níveis de acumulação do alvo e à possibilidade de fluxo de genes das plantas transgénicas para as plantas de tipo selvagem. Em contrapartida, os sistemas de expressão transiente evitam os pontos acima referidos e são potencialmente o sistema mais rápido e económico para a produção de proteínas recombinantes (Yusibov e Mamedov, 2010).

Capítulo 3

Sistemas de expressão baseados em plantas

A expressão transiente de proteínas em plantas é realizada com base na introdução de um vetor de expressão no tecido vegetal, quer diretamente como ADN plasmídico ou como transcrição de ARN sintetizada *in vitro*, quer indiretamente através de *A. tumefaciens* (Musiychuk et al., 2007). Nos sistemas de expressão transiente, os vírus de ARN das plantas são utilizados como vectores para a expressão de proteínas estranhas (Pogue et al., 2002; Canizares et al., 2005). A disponibilidade de clones de cDNA infecciosos, o pequeno tamanho do genoma, a facilidade de manipulação genética e o curto período de expressão da proteína alvo tornam esta estratégia particularmente atractiva para a sua seleção em sistemas de expressão transiente. Além disso, não há necessidade de alterar geneticamente as plantas hospedeiras. Uma vez que o gene alvo é inserido no genoma viral, o transgene é amplificado aquando da infeção da planta hospedeira e a expressão da proteína recombinante é transitória. Tanto a replicação do vetor viral como a expressão do gene alvo estão limitadas ao citoplasma da célula. Até à data, foram utilizados vários vírus de ARN de plantas para desenvolver vectores de expressão, incluindo o vírus do mosaico do tabaco (TMV), o vírus X da batata, o vírus do mosaico da alfafa (AlMV) e o vírus do mosaico do feijão-frade (Pogue et al., 2002; Yusibov e Rabindran, 2004). A abordagem transgénica sofre de baixos níveis de expressão alvo, silenciamento de genes e expressão não uniforme. Foi relatado que o silenciamento do ARN reduz a eficiência da expressão transiente em plantas, uma limitação que pode ser ultrapassada por VSRs (Johansen e Carrington 2001; Voinnet et al., 2003).

Capítulo 4

Ciclo de infeção viral

De acordo com a definição de Mathews, um vírus é um conjunto de uma ou mais moléculas-modelo de ácido nucleico, ARN ou ADN, normalmente envolto numa ou mais camadas protectoras de proteínas ou lipoproteínas, capaz de organizar a sua própria replicação apenas no interior de células hospedeiras adequadas. Normalmente, pode ser transmitido horizontalmente entre hospedeiros. No interior dessas células, a replicação do vírus é (i) dependente da maquinaria de síntese de proteínas do hospedeiro, (ii) organizada a partir de pools dos materiais necessários e não por fissão binária, (iii) localizada em locais que não estão separados do conteúdo da célula hospedeira por uma membrana contínua de bicamada lipoproteica e (iv) dando continuamente origem a variantes através de vários tipos de alterações no ácido nucleico viral (Hull, 2010). Os vírus são classificados como agentes patogénicos biotróficos que dependem definitivamente dos seus hospedeiros para sobreviver. Têm de entrar numa célula hospedeira e utilizar a maquinaria do hospedeiro para a síntese de ácidos nucleicos e proteínas para poderem replicar os seus genomas e montar os seus viriões em níveis elevados no hospedeiro. Um ciclo de vida comum na célula viva inclui quatro etapas principais: (1) desmontagem da partícula viral e libertação do genoma viral no espaço citoplasmático; (2) expressão dos genes virais utilizando a fábrica de proteínas da célula hospedeira; (3) replicação do genoma viral e (4) montagem da proteína da capa viral e do genoma viral, resultando numa partícula viral *de novo* (Figura 2). Uma infeção bem sucedida requer interacções compatíveis entre o vírus e os factores codificados pelo hospedeiro. Os vírus das plantas entram na célula através de feridas ou por vectores. Os vírus de ARN de cadeia positiva são transmitidos na natureza por afídeos, fungos, tripes, ácaros, nemátodos ou protoctistas. Quando o vírus entra na célula hospedeira, começa a desmontar-se, libertando o seu ARN para o espaço citoplasmático. Subsequentemente, o ARN viral é traduzido em ribossomas, resultando na expressão de proteínas virais necessárias para o genoma

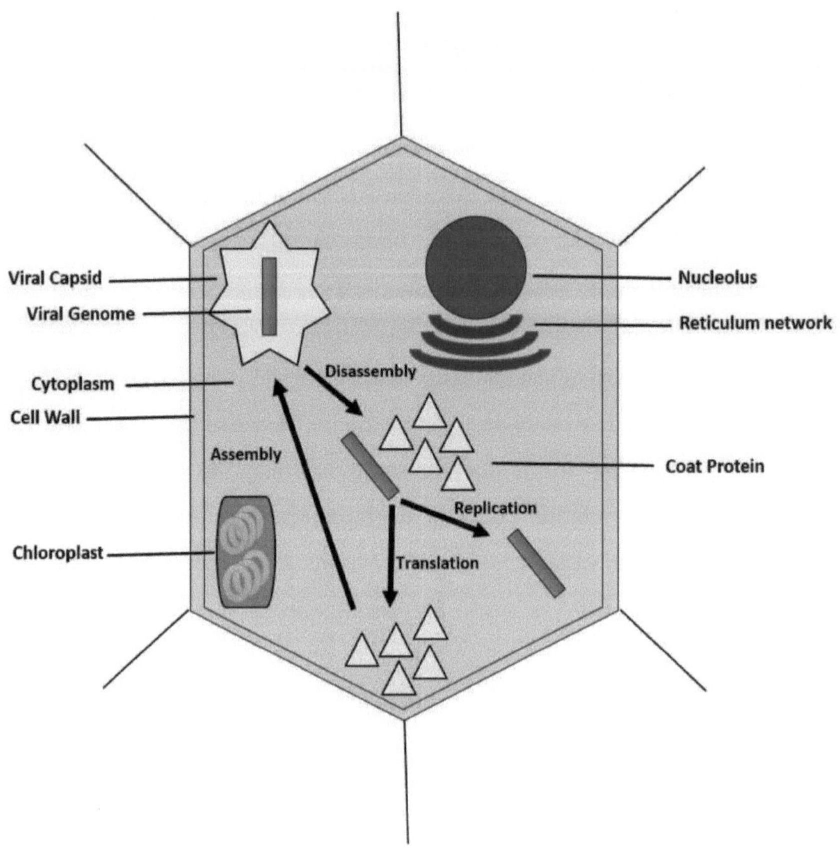

Figura 2. Um modelo simplificado do ciclo de vida de um vírus vegetal que infecta uma célula viva. As escalas não são

real.

replicação e montagem do virião. A replicase codificada pelo vírus (RNA polimerase dependente de RNA (RdRp)) sintetiza uma cadeia negativa utilizando a cadeia positiva como modelo. A cadeia negativa é então utilizada como modelo para a geração de moléculas de ARN de cadeia positiva (Hull, 2010).

Após a replicação, os vírus devem deslocar-se intracelularmente do local de replicação para os plasmodesmas (PD). O transporte intracelular de macromoléculas celulares é facilitado pela associação com o retículo endoplasmático (RE) e, provavelmente, com os elementos do citoesqueleto, como os microtúbulos e os microfilamentos (St.

Jonston, 1995). Os vírus de plantas utilizam o sistema de tráfico intracelular do hospedeiro para se deslocarem para o PD. O limite de exclusão do tamanho plasmodérmico (SEL) pode ser aumentado para permitir o movimento intercelular de grandes proteínas endógenas ou de vírus invasores (Lucas, 1995). Foram identificados vários tipos de proteínas de movimento viral (MPs), que promovem a propagação do vírus de célula para célula através do DP (Lucas, 1995). Alguns vírus, como o TMV, género *Tobamovirus*, codificam uma única MP que é capaz de modificar o SEL do PD e facilitar o transporte de si próprio e dos ácidos nucleicos. Outros, como o PVX, género *Potexvirus*, e o Potato mop-top virus (PMTV, género *Pomovirus*), contêm um conjunto de genes de movimento denominado bloco genético triplo (TGB), que codifica três proteínas envolvidas no transporte do ARN viral através do DP. O movimento viral célula a célula ocorre através da DP e o vírus tem de se deslocar através de vários tipos de células (epidérmica (EP), mesofilo (MS), bainha do feixe (BS), parênquima do floema (PP) e células companheiras (CC)) até ser carregado no elemento crivado (SE). Uma vez que o vírus tenha entrado no SE, pode ser transportado a longas distâncias para outras partes da planta, seguindo a transição fonte-dreno. Finalmente, os vírus devem sair do SE e restabelecer a replicação e o movimento célula a célula em tecidos distantes do local de infeção inicial (Cronin et al., 1995). A conclusão das fases acima mencionadas resultaria na chamada infeção sistémica causada pelos vírus nos seus hospedeiros.

Capítulo 5

Resistência do hospedeiro aos vírus das plantas

As plantas desenvolveram vários mecanismos para resistir à infeção por vírus. Por outro lado, os vírus evoluíram para ultrapassar estas várias respostas de resistência.

A resistência contra os vírus das plantas ocorre a diferentes níveis e por diferentes mecanismos. A resistência completa de uma planta à infeção por vírus é designada por imunidade (Bruening, 2006). Nas plantas que transmitem imunidade a vírus num genótipo de uma espécie, a imunidade manifesta-se geralmente na prevenção da replicação do vírus. Alguns genes de resistência foram descritos como transmitindo resistência extrema (ER). Nalguns casos, estes podem efetivamente conferir imunidade, na medida em que não foi possível detetar qualquer multiplicação do vírus (Barker e Harrison, 1984; Watanabe et al., 1987), enquanto que no caso do PVX, a replicação ocorreu de forma limitada e, em seguida, ocorreu uma resistência induzida, que levou à prevenção de novas replicações. Nalguns casos, foram identificados genes de resistência específicos da planta que bloqueiam ou impedem o movimento viral de célula para célula, ocorrendo alterações correspondentes em mutantes dos vírus que conseguem ultrapassar o gene de resistência (Bruening, 2006). Em alguns genótipos de plantas, o vírus pode mover-se de célula para célula até uma extensão limitada, antes da ocorrência de uma resposta hipersensível multicelular (HR), que primeiro ativa respostas de defesa que impedem a propagação da infeção e depois mata as células dentro da zona infetada (Gilliland et al., 2006). A ER e a HR são referidas como tipos de resistência inata. Ambos estão associados a genes de resistência dominantes (Bruening, 2006; Maule et al., 2007). As plantas submetidas a uma HR também induzem um estado de resistência inespecífica ao agente patogénico denominado resistência adquirida sistémica (SAR) (Gilliland et al., 2006). A SAR é activada por respostas de sinalização de defesa e será analisada mais adiante. Se não ocorrer ER ou HR, o vírus pode continuar a espalhar-se célula a célula por toda a folha, bem como para dentro e dentro da vasculatura. Se o vírus não se conseguir propagar para as folhas superiores da planta, é provável que exista uma barreira à infeção que impeça o vírus de se deslocar para os elementos crivados do floema (Bruening, 2006; Ueki e Citovsky, 2006). A tolerância é uma manifestação de resistência em que as plantas podem apresentar apenas sintomas ligeiros ou nenhuns em função da infeção (Bruening, 2006). Além disso, com base na definição de tolerância de Hull em plantas infectadas por vírus, a tolerância é definida como um fenómeno em que "o vírus infecta e se multiplica através da planta, mas no campo, as plantas infectadas permanecem quase normais na aparência". Esta tolerância resulta da variação dos materiais genéticos na planta hospedeira (Hull, 2014). Nos casos em que os genes que conferem tolerância foram delimitados, estão envolvidos múltiplos genes recessivos. Além disso, na maioria dos casos examinados, a tolerância está geralmente associada a um título reduzido de vírus nas plantas. Isto sugere que a tolerância pode ser uma manifestação do silenciamento do ARN que actua contra um vírus específico (Bruening, 2006; Maule et al., 2007).

Capítulo 6

Recuperação de hospedeiros de vírus de plantas

Com base na definição de recuperação, o aparecimento de folhas assintomáticas numa planta hospedeira que tenha apresentado sintomas devido a uma infeção sistémica causada por um vírus é conhecido como recuperação (Ghoshal e Sanfagon, 2015). A recuperação foi observada em plantas infectadas por vírus em vários sistemas de interação vírus-planta, incluindo infecções por geminivírus (Jovel et al., 2007; Lunello et al., 2009; Moore et al., 2001; Atkinson & Matthews 1970; Hagen et al., 2008; Carrillo-Tripp et al., 2007; Raja et al., 2008; Chellapan et al., 2005). As plantas recuperadas apresentam um desaparecimento ou atenuação dos sintomas nas folhas que surgem após as duas ou três folhas iniciais (Carrillo-Tripp et al., 2007). Na maioria dos casos, os tecidos recuperados apresentam menor quantidade de genoma viral do que os tecidos que exibem sintomas da doença (Chellapan et al., 2004; Chellapan et al., 2005; Carrillo-Tripp et al., 2007; Hagen et al., 2008; Lunello et al., 2009; Moore et al., 2001), embora Jovel et al. (2007) tenham demonstrado que a recuperação não está associada a um nível reduzido de RNA de nepovírus em *N. benthamiana*. Os tecidos recuperados também são resistentes à superinfeção pelo mesmo vírus, mas são susceptíveis à infeção por vírus não relacionados (Carrillo-Tripp et al., 2007; Moore et al., 2001; Atkinson & Matthews 1970; Hagen et al., 2008). O baixo conteúdo de genoma viral nos tecidos recuperados pode ser o resultado da ativação da maquinaria de silenciamento de RNA em plantas desafiadas por infeção viral (Carrillo-Tripp et al., 2007). No entanto, deve ter-se em consideração que o silenciamento do ARN nem sempre está associado a uma concentração reduzida de vírus nos tecidos recuperados (Jovel et al., 2007).

Capítulo 7

Papel dos VSRs nas vias de sinalização de defesa

Ácido salicílico

O ácido salicílico (SA) desempenha um papel central na via de transdução de sinal que resulta na SAR e é necessário para a localização de vírus e outros agentes patogénicos durante a HR (Alvarez, 2000). A SA é necessária para a expressão de um grupo de proteínas que, coletivamente, são referidas como proteínas relacionadas com a patogénese (PR). Durante o desenvolvimento da lesão de HR induzida por vírus, a biossíntese de SA ocorre inicialmente dentro e à volta das lesões em desenvolvimento, mas mais tarde em toda a planta (Nobuta et al., 2007; Strawn et al., 2007). O SA é um composto fenólico sintetizado pelas plantas em resposta a uma vasta gama de agentes patogénicos, sendo essencial para o estabelecimento de resistência local e sistémica (Loake e Grant, 2007; Vlot et al., 2009). A importância do SA decorre do seu papel na mediação da resistência do gene de resistência (*R*) e das respostas imunitárias basais, e da ligação positiva entre a defesa mediada pelo SA e a maquinaria antiviral do RNA de interferência pequena (siRNA) (Baebler et al., 2014; Hunter et al., 2013). A biossíntese e a sinalização de SA são activadas no reconhecimento de efectores virais por produtos do gene *R*, o que condiciona a interação incompatível. A ativação da interação incompatível resulta em várias respostas para limitar a propagação viral no local da infeção, incluindo a acumulação de espécies reactivas de oxigénio (ROS) e proteínas relacionadas com a patogénese (PR), indução da resposta hipersensível (HR), deposição de calose, desorganização dos tecidos, alterações no tamanho e na forma dos cloroplastos, degradação nuclear e nucleolar e morte celular programada (PCD) (Baebler et al., 2014; Dinesh-Kumar et al., 2000). A indução de SAR e, até certo ponto, a manutenção da resistência basal à infeção por agentes patogénicos depende da sinalização mediada por SA. Embora o SA seja necessário para a manutenção da resistência basal, para uma localização bem sucedida do agente patogénico durante a HR e para o estabelecimento da SAR, pode ocorrer um aumento da sua biossíntese durante uma interação compatível com determinados agentes patogénicos virulentos.

No caso do CMV, o aumento dos níveis de SA no hospedeiro, devido ao tratamento com SA exógeno ou à indução da biossíntese endógena de SA por um agente patogénico avirulento antes da infeção com CMV, inibiu o movimento sistémico do vírus (Ji e Ding 2001; Mayers et al., 2005). No entanto, a indução da biossíntese de SA pela infeção por CMV é um processo lento que só é evidente após a ocorrência do movimento sistémico do vírus para todas as partes da planta (Ji e Ding 2001; Whitham et al., 2003). Devido à função contra-defensiva da proteína supressora do CMV (proteína 2b), a replicação sucessiva ou o movimento local do CMV nos tecidos infectados sistemicamente não serão influenciados pelo aumento dos níveis de SA (Ji e Ding 2001; Murphy e Carr 2002). A SAR pode ocorrer na sequência de uma resposta hipersensível (HR), uma resposta de resistência que se distingue frequentemente por uma morte celular rápida e localizada perto do ponto de penetração ou entrada do agente patogénico (Heath, 2000). No entanto, um estado semelhante à SAR de maior resistência às doenças pode ser provocado sem uma HR nas plantas através da aplicação exógena de soluções de SA ou de outros produtos químicos específicos (Oostendorp et al., 2001). O SA é também responsável pela ativação da SAR nos tecidos distais, o que reduz os efeitos das invasões secundárias. A infeção com TMV resulta num aumento significativo de SA nas folhas inoculadas e sistémicas de plantas de tabaco resistentes. Paralelamente, a expressão dos genes *PR* é fortemente aumentada em ambos os locais (Vlot et al., 2009). Foram registados resultados semelhantes em batatas *resistentes a Ny-1* após infeção com PVY (Baebler et al., 2014). As mutações na via SA prejudicam a defesa das plantas, tornando-as assim susceptíveis à infeção viral, mesmo na presença de genes *R* relevantes (Baebler et al., 2014; Dinesh-Kumar et al., 2000; Takahashi et al., 2004). A sobreexpressão de genes de biossíntese de SA ou a aplicação de SA ou dos seus análogos melhora frequentemente a imunidade basal das plantas, atrasando o início da infeção viral e o estabelecimento da doença (Ishihara et al., 2008). O SA também controla a ER, caracterizada pela ausência de lesões necróticas em plantas com genes *R*. Esta resistência resulta na eliminação quase completa do vírus sem sintomas visuais. A ER, que concetualmente se assemelha à imunidade desencadeada por efectores (ETI), pode ser observada na resistência das plantas de tabaco ao TBSV (Sansregret et al., 2013), na resistência *mediada pelo Tm-22* ao TMV ou ao Tomato mosaic virus (ToMV) (Zhang et al., 2013) e na resistência *mediada pelo Rsv1* da soja ao Soybean mosaic virus (SMV) (Zhang et al., 2012). No tabaco, a ER é desencadeada por P19, o VSR do TBSV; no entanto, a expressão constitutiva de P19 induz necrose semelhante à HR. Foi racionalizado que as plantas de tabaco resistentes podem detetar pequenas quantidades de P19 e, subsequentemente, desencadear o ER. Quando essa resposta é interrompida por comprometimento da funcionalidade VSR de P19, o TBSV pode se acumular em níveis suficientes para desencadear a HR (Sansregret et al., 2013). Curiosamente, a função VSR de P19 foi considerada necessária, mas insuficiente, para ER, com base em descobertas de que a expressão constitutiva de versões mutantes de P19 que não possuem atividade VSR não conseguiu induzir genes HR ou PR, e que a competição com outros VSRs por siRNA reduz a HR mediada por P19. Isso indica que as plantas podem perceber a formação do complexo P19-siRNA, permitindo a iniciação de ER através de cascatas a jusante (Sansregret et al., 2013). A aplicação exógena de SA a plantas susceptíveis melhora a sua resistência a diferentes vírus. Por exemplo, foi relatado que o tratamento com SA reduz os níveis de CP do TMV e do PVX durante as suas interacções compatíveis com plantas *de N. benthamiana* (Lee et al., 2011). Os efeitos do SA na defesa das plantas parecem ser diversos e dependem tanto do hospedeiro como do vírus infetante. Em *N. tabacum* e *Arabidopsis thaliana*, a resistência induzida por SA à infeção por CMV inibe o movimento sistémico viral. Contudo, a resistência mediada por SA em *Cucurbita pepo* resulta da diminuição da acumulação viral nos tecidos inoculados, o que implica que a SA afecta o movimento célula-a-célula e não o movimento sistémico. Por conseguinte, diferentes hospedeiros podem utilizar abordagens alternativas para resistir ao mesmo vírus (Mayers et al., 2005). Além disso, a resistência mediada por SA a vários vírus (como o PVX e o TMV) é afetada pela capacidade da via respiratória alternativa. Nomeadamente, a resistência ao PVX e ao TMV aumenta quando a capacidade da via respiratória alternativa é reduzida, mas diminui quando a capacidade é aumentada (Lee et al., 2011). No entanto, o tratamento com SA nem sempre melhora a resistência. Por exemplo, o tratamento exógeno com

SA não afectou os níveis de *Bean pod mottle virus* (BPMV) em folhas inoculadas ou sistémicas de soja aos 3 ou 7 dpi, respetivamente (Singh et al., 2011). Até à data, um estudo relatou que o SA aumenta efetivamente a suscetibilidade da cultivar de ervilha ao *Clover yellow vein virus* (ClYVV). Embora o tratamento de plantas de ervilha resistentes com benzotiadiazol, um análogo de SA e indutor de SAR, tenha aumentado a resistência, o tratamento com benzotiadiazol de ervilhas susceptíveis a *cyn1* aumentou os sintomas do ClYVV. Embora a resposta tenha sido diferente a nível sintomático, não se registaram diferenças significativas entre as duas cultivares em termos de título viral (Atsumi et al., 2009). Sugeriu-se que a repressão da replicação viral pelo SA é parcialmente mediada pela via do siRNA, e estão a acumular-se provas de uma ligação cruzada positiva entre as defesas antivirais do SA e do siRNA (Alamillo et al., 2006; Hunter et al., 2013; Jovel et al., 2011; Yu et al., 2003). A acumulação de pequenos RNAs derivados do *Plum Pox virus* (PPV) foi reduzida em plantas transgénicas *NahG*, e as linhas transgénicas que sobre-expressam o supressor P1/helper component-proteinase (HC-Pro) exibiram níveis reduzidos de defesa mediada por SA e de siRNA derivados do PPV (Alamillo et al., 2006). Esta evidência sugere fortemente que o SA aumenta a defesa antiviral silenciadora de RNA em plantas de tabaco (Alamillo et al., 2006). O tratamento com SA aumentou os níveis de *RDR1* tanto em *N. tabacum* como em *A. thaliana* (Alamillo et al., 2006; Hunter et al., 2013; Jovel et al., 2011; Yu et al., 2003). No entanto, os genes que codificam proteínas do tipo dicer (DCLs; proteínas envolvidas na produção de pequenos RNA) parecem ser independentes da resistência induzida por SA em Arabidopsis, uma vez que o tratamento com SA é capaz de reduzir os títulos de CMV e TMV nos mutantes *dcl2*, *dcl3* e *dcl4* (Lewsey e Carr, 2009). O SA pode acionar vários mecanismos redundantes, alguns dos quais são independentes das DCL (Lewsey e Carr, 2009). Verificou-se que DCL1, DCL2, RDR1 e RDR2 são todos induzidos por SA e pela infeção por ToMV em plantas de tomate. Este facto confere provavelmente ao SA mais meios para regular positivamente o sistema siRNA neste tipo de hospedeiro. Também se verificou que a SA actua contra os VSRs; por exemplo, os níveis do vírus CMVΔ2b (sem o supressor CMV2b) foram mais elevados nas plantas transgénicas *NahG* do que nas plantas WT, mas inferiores ao nível de CMV nas plantas WT. Isto implica que a redução de SA pode compensar parcialmente o defeito 2b (Ji e Ding, 2001). O SA pode atuar a montante da via do siRNA, amplificando assim a resposta do siRNA. Uma biossíntese deficiente de SA enfraqueceria a biogénese de siRNA de forma semelhante à VSR. Os dados actuais sugerem fortes ligações entre a biossíntese de SA e as vias de siRNA, mas não é claro se os componentes a jusante de SA também estão envolvidos na estimulação do sistema de siRNA. Com base nas relações relatadas entre estes processos, não é surpreendente observar a interferência da via do SA por VSRs virais. Por exemplo, a VSR 2b da replicase do CMV e do *Tobamovirus afecta* a regulação dos genes responsivos à SA, e a deleção de 2b aumenta a sensibilidade do CMVΔ2b à SA, reduzindo assim os sintomas em *N. glutinosa* (Ji e Ding, 2001; Shams-Bakhsh et al., 2007). Do mesmo modo, o P6 VSR do vírus do mosaico da couve-flor (CaMV) suprime as respostas de sinalização SA e modula as respostas JA ao interagir com o não-expressor de genes PR 1 (NPR1) no citosol, a intersecção entre as vias SA e JA (Laird et al., 2013; Love et al., 2012). Além disso, o subdomínio 1a de P6 reprime as respostas SA; a deleção desse subdomínio restaura a capacidade de P6 de regular negativamente os níveis de PR-1a (Laird et al., 2013).

Capítulo 8

Ácido jasmónico

O JA é um ácido gordo oxigenado (oxilipina) que é um sinal de resistência a certos agentes patogénicos bacterianos e fúngicos e contra pragas de insectos (Thaler et al., 2004). O JA regula a resistência sistémica induzida (ISR), que é invocada por micróbios não patogénicos, como as rizobactérias, que preparam a resistência a fungos e bactérias em *A. thaliana* (Ton et al., 2009). A indução de JA mediada por rizobactérias reduz os sintomas da infeção por CMV em *Col-0* (Ryu et al., 2004). No entanto, com base em estudos com o Turnip crinkle virus (TCV), parece que a ISR não é eficaz contra a infeção por vírus (Ton et al., 2009). A interação entre as vias e a expressão de proteínas PR antimicrobianas induzidas por SA versus produtos de genes antimicrobianos induzidos por JA (defensinas) é regulada a vários níveis. Em *A. thaliana*, os produtos dos genes Arabidopsis phytoalexin deficient 4 (PAD4) e expression dependent on SLT2 protein 1 (EDS1) promovem a indução de genes mediada por SA e reprimem a expressão de genes induzida por JA. Estas proteínas reguladoras são elas próprias reguladas negativamente através da fosforilação catalisada por uma proteína cinase (Brodersen et al., 2006). Pontos adicionais para o diálogo entre as vias de sinalização mediadas por SA e JA são fornecidos por efeitos antagónicos na re-localização de factores de transcrição WRKY do citoplasma para o núcleo (Balbi e Devoto, 2007). Vários membros dessa grande família de fatores de transcrição são regulados positivamente durante as respostas de defesa mediadas por SA e JA e os promotores de muitos genes induzíveis relacionados à defesa (incluindo genes *PR*) (Balbi e Devoto, 2007; van Verk et al., 2008). Em *A. thaliana*, dois membros desta família, WRKY53 e WRKY70, parecem atuar como nós cruciais numa rede que mantém o equilíbrio entre a sinalização mediada por SA e JA e que regula as respostas destas vias quer ao ataque de agentes patogénicos quer às pistas de desenvolvimento e ambientais que desencadeiam a senescência (Balbi e Devoto, 2007). Embora as vias do JA e do SA sejam predominantemente consideradas como mutuamente antagónicas, o trabalho de caraterização dos transcritos revelou um diálogo positivo e negativo significativo entre as duas vias (Schenk et al., 2000). Outros trabalhos mostraram que JA é sintetizado transitoriamente nos estágios iniciais de uma HR induzida por TMV e pode desempenhar um papel menor na localização (Liu et al., 2004), e um estudo recente sugere que JA desempenha um papel na indução de SAR, que até recentemente era considerado um processo independente de JA (Truman et al., 2007). Por exemplo, a co-infeção com PVY e PVX, ou a infeção com PVY transportando HC-Pro de um potyvirus (PPV), induziu genes de biossíntese de oxilipina nas fases iniciais da infeção e PCD (Garcia-Marcos et al., 2013; Pacheco et al., 2012). Ambos os estudos mostraram que o knockdown do *COI1* (coronatine-insensitive 1), um gene envolvido na via de sinalização JA, acelerou o desenvolvimento de sintomas e a acumulação de títulos virais nas fases iniciais da infeção. No entanto, tanto as linhas de tipo selvagem como as linhas knock-down apresentaram sintomas semelhantes à medida que a infeção progredia (Garcia-Marcos et al., 2013; Pacheco et al., 2012). O tratamento com JA nas fases iniciais da infeção dupla PVY-PVX aumentou a resistência, mas a aplicação posterior aumentou a suscetibilidade, provavelmente como resultado do efeito antagónico do JA na SA (Garcia-Marcos et al., 2013). Estudos semelhantes mostraram que os genes responsivos ao JA são modulados nas fases iniciais da infeção, por exemplo, no CaMV em *A. thaliana* e no *vírus do mosaico do Panicum* e seu vírus satélite na planta monocotiledônea *Brachypodium distachyon* (Love et al., 2012; Mandadi e Scholthof, 2012). Recentemente, Zhu et al. (2014) demonstraram que o tratamento de plantas de *N. benthamiana* com JA ou SA aumenta a resistência sistémica ao TMV, e que a resistência é ainda mais reforçada pelo pré-tratamento com JA seguido de SA. Notavelmente, as plantas com deficiência na via do JA não conseguiram acumular SA nas folhas ou no floema e apresentaram maior suscetibilidade, enquanto a deficiência na via do SA não afectou os níveis de JA, mas aumentou a suscetibilidade (Zhu et al., 2014). O JA pode modular os componentes iniciais da via SA, mas não se sabe como o JA regula a biossíntese de SA e a resistência em interacções compatíveis. Foi demonstrado que as proteínas C2 de alguns geminivírus regulam negativamente os genes responsivos ao JA, interferindo com os complexos SCF (Skp, Cullin, complexos contendo F-box), afectando assim certas respostas hormonais, incluindo o JA, o ácido abscísico (ABA) ou as auxinas (Aux) através da ubiquitinação (Lozano-Duran et al., 2011). O mesmo estudo também mostrou que o tratamento contínuo com JA (dia sim, dia não) diminuiu os títulos de ADN do BCTV (Lozano-Duran et al., 2011). Foi demonstrado que JA actua contra a resistência *mediada por N* ao TMV no tabaco; a resistência *mediada por N* ao TMV foi melhorada na linha *NtCOI1-RNAi*, indicando que *COI* afecta negativamente a resistência (Oka et al., 2013). Também foi relatado que o silenciamento de *AOS* (óxido de aleno sintase), um gene de biossíntese de JA, aumentou a resistência, e a aplicação exógena de metiljasmonato (MeJA) reduziu a resistência local ao TMV e permitiu o movimento sistémico, o que implica que esse tratamento aboliu a resistência do *N* ao TMV. O aumento da resistência da linha *Nt-COI1-RNAi* foi parcialmente resultado de níveis elevados de SA nas plantas *silenciadas por COI1*- ou *AOS* (Oka et al., 2013).

Capítulo 9

A autofagia e os VSRs

A autofagia é um processo intracelular importante para a degradação de macromoléculas e organelos citosólicos nos lisossomas ou vacúolos para regular a homeostase celular e o controlo da qualidade das proteínas e organelos. Os estudos realizados na última década revelaram também uma série de formas importantes pelas quais a autofagia molda as respostas imunitárias inatas das plantas. A autofagia promove a morte celular hipersensível associada à defesa, induzida por agentes patogénicos avirulentos ou relacionados, mas restringe a propagação desnecessária ou associada a doenças da morte celular. Esta regulação elaborada da morte celular do hospedeiro vegetal pela autofagia é crítica durante as respostas imunitárias das plantas aos tipos de agentes patogénicos que induzem a morte celular, que incluem agentes patogénicos biotróficos avirulentos e agentes patogénicos necrotróficos. Além disso, a autofagia modula as respostas de defesa reguladas pelo ácido salicílico e pelo ácido jasmónico, influenciando assim a resistência basal das plantas a agentes patogénicos biotróficos e necrotróficos. Há um papel emergente da autofagia no silenciamento de RNA induzido por vírus, quer como colaborador antiviral para a degradação direccionada de supressores de silenciamento de RNA viral, quer como cúmplice de supressores de silenciamento de RNA viral para a degradação direccionada de componentes-chave da maquinaria de silenciamento de RNA celular das plantas (Zhou et al., 2014). A expressão dos genes *ATG6*, *ATG2*, *ATG7* e *AGO1* foi medida aos 5 dias após a infiltração em resposta a PVA-HC-Pro utilizando a técnica qRT-PCR. O PVA HC-Pro, como supressor do silenciamento de RNA, aumentou o nível de expressão de *ATG6*, *ATG2* e *ATG7* em 5,89, 7,3 e 7,6 vezes, respetivamente, em comparação com os valores correspondentes em folhas infiltradas com plasmídeo vazio (EP) como controlo. Em contraste, o nível de transcrição de *argonaute-1* (*AGO1*), um componente chave do complexo de silenciamento induzido por RNA (RISC), foi diminuído em 1,36 vezes em comparação com o nível de folhas infiltradas sem PVA-HC-Pro. Os resultados deste estudo indicaram que o PVA HC-Pro pode alterar a expressão de genes relacionados à autofagia na planta (Tahmasebi et al., 2017). A autofagia é um processo evolutivamente conservado pelo qual os constituintes citoplasmáticos, incluindo proteínas e organelas, são entregues aos lisossomos ou vacúolos para degradação (Boya et al., 2013). A autofagia pode ocorrer através de pelo menos três vias, conhecidas como macroautofagia, autofagia mediada por chaperona e microautofagia. Entre estas vias autofágicas, a macroautofagia tem sido a mais extensivamente analisada e é geralmente referida simplesmente como autofagia (Boya et al., 2013). A autofagia de nível basal é geralmente muito baixa em condições normais, mas pode ser induzida em resposta a uma variedade de estímulos, e a autofagia induzida desempenha um papel crítico na obtenção da homeostase celular sob fome, infeção por patógenos e outras tensões ambientais (Boya et al., 2013). Na via de indução clássica, a autofagia é iniciada pela formação de uma membrana de isolamento ou "fagóforo", que pode crescer para engolir componentes citoplasmáticos e fechar-se à volta da carga sequestrada, resultando na formação de um autofagossoma de membrana dupla (Boya et al., 2013; He e Klionsky, 2009). O autofagossoma formado funde-se com lisossomas ou vacúolos para que a sua carga interna possa ser degradada por uma série de hidrolases lisossomais/vacuolares (Boya et al., 2013; He e Klionsky, 2009). Na levedura, foram identificados mais de 30 genes relacionados com a autofagia (ATG), e os produtos destes genes ATG formam frequentemente grupos funcionais envolvidos em vários passos fisiologicamente contínuos, mas mecanicamente distintos, no processo de autofagia. Os grupos funcionais bem caracterizados das proteínas ATG incluem a estrutura ATG1-ATG13-ATG17, formada pela ativação da atividade da quinase ATG1 durante a indução da autofagia, o complexo fosfatidilinositol 3-quinase (PtdIns3K)-ATG14-ATG6 (Beclin 1) de classe III, necessário para a nucleação e montagem da membrana inicial do fagóforo, e dois sistemas inter-relacionados de conjugação do tipo ubiquitina, ATG12-ATG5-ATG16 e ATG8-PE (fosfatidiletanolamina), para a regulação do alongamento da membrana e expansão dos autofagossomas em formação (Boya et al., 2013; He e Klionsky, 2009). Desenvolvimentos recentes em organismos metazoários revelaram um papel crucial do processo de autofagia nos mecanismos de imunidade inata do hospedeiro. Nestes organismos, o reconhecimento de agentes patogénicos, como os vírus, é mediado por receptores de reconhecimento de padrões (PRRs) ligados à membrana ou citosólicos, que detectam padrões moleculares associados a agentes patogénicos (PAMPs) e transduzem os sinais para ativar respostas imunitárias inatas (Deretic, 2012). A autofagia é induzida por diferentes famílias de PRRs, incluindo os receptores do tipo Toll (TLRs), os receptores do tipo NOD e a proteína de ligação ao ARN de cadeia dupla (ds) PKR (Deretic, 2012). A autofagia activada pode visar diretamente agentes patogénicos intracelulares, como bactérias e vírus, para degradação em lisossomas/vacúolos de forma selectiva, denominada xenofagia (Deretic, 2012; Levine et al., 2011; Shoji-Kawata e Levine, 2009). A autofagia também pode controlar indiretamente a imunidade inata. O papel crítico da autofagia na imunidade inata do hospedeiro é também sublinhado pelo facto de os agentes patogénicos terem desenvolvido mecanismos para evitar a morte pelas vias da autofagia através da evasão do reconhecimento autofágico, da inibição da autofagia, da modulação da maturação autofagossómica e da modificação do estado geral da autofagia (Deretic, 2012; Levine et al., 2011; Shoji-Kawata e Levine, 2009). As plantas respondem a agentes patogénicos biotróficos utilizando dois sistemas imunitários inatos: A imunidade desencadeada por PAMPs (PTI) e a imunidade desencadeada por efetores (ETI) (Jones e Dangl, 2006). A PTI é activada por PAMPs, como a flagelina bacteriana. Para ultrapassar a PTI, os agentes patogénicos libertam factores de virulência ou efectores nas células vegetais para inibir as respostas imunitárias. Alguns dos efectores podem ser reconhecidos pelas proteínas de resistência das plantas (R) e ativar a ETI (Jones e Dangl, 2006). A ETI manifesta-se frequentemente como uma resposta hipersensível (HR) associada a uma morte celular rápida, à produção de espécies reactivas de oxigénio (ROS) e de ácido salicílico (SA) e à expressão de genes relacionados com a defesa (Jones e Dangl, 2006). Nas últimas duas décadas, muitos genes ATG envolvidos no processo central da autofagia foram identificados e analisados funcionalmente em plantas (Chung et al., 2009; Shin et al., 2009). Através do exame de mutantes deficientes em autofagia para respostas a patógenos biotróficos virulentos e avirulentos, vários estudos descobriram que a autofagia molda várias facetas importantes da imunidade inata da planta, incluindo a morte celular programada induzida por patógenos (PCD), em um padrão complexo influenciado por uma infinidade de outros fatores, como a idade da planta (Hofius et al., 2009; Kabbage et al., 2013; Yoshimoto et al., 2009). No entanto, existem fortes indícios de um papel crítico e positivo da autofagia na resistência das plantas a agentes patogénicos necrotróficos (Kabbage et al., 2013; Katsiarimpa et al., 2013). Estudos mais recentes também revelaram o envolvimento da autofagia no silenciamento de RNA antiviral de plantas, seja implantado como um sistema de defesa contra supressores de silenciamento de RNA viral ou subvertido como um mecanismo de contra-defesa por vírus invasores para a inativação de componentes da maquinaria de silenciamento de RNA de plantas (Derrien et al., 2012; Nakahara et al., 2012). Análises posteriores revelaram que o SA é hiperacumulado nos mutantes deficientes em autofagia e que este aumento nos níveis de SA foi maior nas plantas mais velhas (7 semanas de idade) do que nas plantas mais jovens (4 semanas de idade) (Yoshimoto et al., 2009). A análise genética utilizando mutantes Arabidopsis *sid2* e *npr1* com defeito na biossíntese e sinalização de SA, respetivamente, mostrou que a hiperacumulação e sinalização de SA são necessárias para a morte celular clorótica induzida por agentes patogénicos e para a senescência precoce nos mutantes com defeito de autofagia (Yoshimoto et al., 2009). Além disso, os mutantes com deficiência de autofagia acumularam níveis elevados de ROS de uma forma parcialmente dependente de SA. É importante notar que a SA ou o seu agonista benzotiadiazol (BTH) e as ROS induzem a autofagia pró-sobrevivência em plantas de tipo selvagem, mas induzem a morte celular descontrolada em plantas com deficiência de autofagia (Yoshimoto et al., 2009). Aparentemente, a produção e a sinalização de SA e ROS induzidas por agentes patogénicos e pelo envelhecimento podem ser aceleradas através de um ciclo de amplificação de feedback positivo e culminar na morte celular nos mutantes com deficiência de autofagia. No entanto, nas plantas de tipo selvagem, o aumento dos níveis de SA e ROS nos tecidos infectados por agentes patogénicos induz a autofagia, que aparentemente pode suprimir a produção e a sinalização de SA e ROS, restringindo assim a morte celular induzida por agentes patogénicos ao local da infeção (Yoshimoto et al., 2009). Curiosamente, a inibição da autofagia em mutantes deficientes em autofagia de Arabidopsis, ou por tratamento com inibidores de autofagia, levou a uma maior suscetibilidade a mutantes de *S. sclerotiorum* deficientes em OA (Kabbage et al., 2013). Além disso, a explosão oxidativa pronunciada associada à morte celular restritiva de tecidos de plantas de tipo selvagem foi significativamente reduzida nos deficientes em autofagia. Nos mutantes deficientes em autofagia, há um aumento dos níveis basais de SA e da expressão de genes SAR regulados por SA (*PR1*) antes da infeção por agentes patogénicos, mesmo nas fases jovens (4 semanas) (Yoshimoto et al., 2009). Estes baixos níveis pré-existentes de SA em mutantes deficientes em autofagia podem servir como um sinal para a indução de SAR anti-morte que torna as plantas menos sensíveis ao início da morte celular HR desencadeada por agentes patogénicos. Papéis paradoxais semelhantes, tanto como promotor como supressor da morte celular, foram também conhecidos e extensivamente analisados para as ROS, que, a níveis elevados de

induz a morte celular, mas, a níveis baixos, pode promover a sinalização mitogénica em células animais através do aumento da fosforilação da proteína tirosina e da ativação de factores de transcrição, incluindo NF-kB, enzimas antioxidantes e Bcl-2 (Das e Maulik, 2006).

Capítulo 10

Autofagia na resposta imunitária antiviral das plantas

Como interveniente reconhecido na resposta imunitária inata, a autofagia tem sido extensivamente analisada em sistemas animais pelo seu papel na proteção das células contra diversos agentes patogénicos intracelulares, como os vírus. Como sistema de entrega endolisossomal, a autofagia pode promover a imunidade antiviral através da transferência de vírus do citoplasma para o lisossoma para degradação ou translocação de componentes virais para compartimentos subcelulares específicos para a ativação da imunidade antiviral inata ou adaptativa (Shoji-Kawata e Levine, 2009). Do mesmo modo, a autofagia desempenha um papel importante na imunidade antiviral das plantas. Em plantas de tabaco resistentes e *silenciadas com BECLIN* 1-, *VPS34-*, *ATG3-* e *ATG7*, infectadas com TMV, verificou-se uma maior acumulação de TMV, bem como um aumento da propagação da morte celular HR (Liu et al., 2005). O aumento da acumulação de TMV não resulta de uma maior propagação, porque o vírus e o ARN viral estão ambos confinados apenas ao local de infeção nas plantas. Este resultado indica que a autofagia das plantas funciona para limitar a replicação e/ou o movimento do vírus, quer diretamente através da degradação dos vírus nos vacúolos, quer indiretamente através de efeitos sobre outras defesas antivirais. Estudos recentes mostraram que a autofagia está envolvida na degradação de proteínas vegetais e virais associadas ao silenciamento de RNA induzido por dsRNA, que desempenha um papel crítico na defesa antiviral da planta (Agius et al., 2012). A maquinaria de silenciamento de RNA antiviral de plantas envolve o processamento de dsRNA viral pela enzima Dicer em pequenos RNAs virais. Uma das duas cadeias de pequenos RNAs derivados do vírus é incorporada num complexo proteico denominado RISC para orientar a degradação do RNA viral correspondente. Como já foi referido, o mecanismo de contra-defesa dos vírus consiste em codificar supressores virais que inibem o processo de silenciamento antiviral do ARN (Agius et al., 2012). Um estudo recente demonstrou que P0, um supressor viral do silenciamento de RNA do polerovírus, tem como alvo a degradação autofágica de ARGONAUTE 1 (AGO1), um componente chave do RISC que se liga ao pequeno RNA de interferência (siRNA) e carrega a atividade de corte de RNA (Derrien et al., 2012). A proteína viral P0 é uma proteína F-box que promove a degradação de AGO1 em cooperação com a proteína ubiquitina ligase (E3) associada à quinase da fase S do hospedeiro (SKP1) - Cullin1 (CUL1) - proteína F-box (SCF). Embora a degradação de AGO1 orientada por P0 exija a ubiquitinação por uma E3 ligase do tipo SCF, é insensível à inibição do proteassoma (Baumberger et al., 2007), o que contraria a degradação pelo sistema ubiquitina-proteassoma (UPS). No entanto, a degradação de AGO1 direccionada para P0 é inibida tanto pela 3-metiladenina (3-MA), um inibidor da formação de autofagossomas, como pelo E64d, um inibidor da cisteína protease da degradação da carga autofágica no interior dos autolisossomas (Derrien et al., 2012). Quando a sua degradação foi inibida, AGO1 co-localizou-se com ATG 8a em vesículas autofágicas (Derrien et al., 2012). Assim, o supressor viral sequestra uma ubiquitina E3 ligase do tipo SCF celular hospedeira para ubiquitinar AGO1, e o AGO1 ubiquitinado é direcionado para degradação antes da montagem do RISC por autofagia seletiva. Noutro estudo, foi demonstrado que uma proteína semelhante à calmodulina do tabaco (rgs-CaM) fornece um mecanismo antiviral secundário, ligando-se e dirigindo a degradação de supressores de silenciamento de RNA viral por autofagia vegetal (Nakahara et al., 2012). rgs-CaM foi identificada pela primeira vez como uma proteína de interação da proteína HC-Pro, um supressor de silenciamento de RNA do TEV. A proteína rgs-CaM do tabaco liga-se aos domínios de ligação de dsRNA não só da HC-Pro, mas também de supressores de silenciamento de RNA 2b estruturalmente não relacionados, e impede-os de inibir a interferência de RNA (RNAi)

(Nakahara et al., 2012). Curiosamente, os níveis proteicos de rgs-CaM endógenos e de supressores de silenciamento de ARN viral em interação aumentaram nas células vegetais após tratamento com um inibidor da autofagia ou por silenciamento de *BECLIN1/ATG6* do tabaco (Nakahara et al., 2012). Além disso, rgs-CaM endógeno acumulado e supressores de silenciamento de RNA viral interagindo co-localizados com autofagossomas corados com LysoTracker, sugerindo que eles são recrutados em autofagossomas para degradação após a formação do complexo (Nakahara et al.,

2012). A sobre-expressão de rgs-CaM em plantas transgénicas aumentou a resistência, enquanto o silenciamento tornou as plantas mais susceptíveis à infeção viral (Nakahara et al., 2012). Estes resultados indicam que o rgs-CaM do tabaco é um fator antiviral que se liga a supressores de silenciamento de ARN viral para reduzir a atividade supressora e promover a sua degradação por autofagia (Nakahara et al., 2012). Assim, a autofagia pode ser implantada como um sistema de defesa contra supressores de silenciamento de RNA viral.

Capítulo 11

Silenciamento do ARN

As plantas possuem um sistema imunitário de várias camadas concebido para reconhecer a replicação de vírus, dsRNA, transcrição de sequências de repetição invertida, transcrição convergente e transposões, coletivamente conhecidos como silenciamento de ARN. O silenciamento de genes pós-transcricionais (PTGS) ou silenciamento de ARN foi descrito pela primeira vez em plantas. No entanto, processos relacionados foram posteriormente encontrados em *Neurospora crassa, onde é designado por* quelling, e em diferentes sistemas animais, onde é referido como RNAi (Fire et al., 1998; Kooter et al., 1999; Matzke et al., 2001). No início dos anos 90, plantas de petúnia foram transformadas com um gene que codifica uma das enzimas chave (chalcona sintase) na síntese de pigmentos florais. Em vez de obterem uma cor violeta intensa, as flores tornaram-se brancas, ou seja, perderam a síntese do pigmento (van der Krol et al., 1990). A falta de pigmento está correlacionada com níveis baixos tanto do transcrito do transgene como do transcrito endógeno. O silenciamento do ARN é um mecanismo de defesa natural que protege a planta contra a infeção por vírus (Figura 3). É desencadeado por RNA de cadeia dupla (dsRNA) formado durante a replicação de vírus de RNA. O ARN de cadeia dupla pode ter origem na replicação do vírus, na estrutura secundária do ARN viral, na transcrição de sequências repetidas invertidas ou na transcrição convergente (Voinnet, 2001). Além disso, o silenciamento de ARN também pode ter como alvo ARNs de cadeia simples auto-complementares que são introduzidos na planta. A molécula de dsRNA é reconhecida e clivada por uma enzima semelhante à ribonuclease III (RNAse III) codificada pelo hospedeiro, denominada Dicer (Bernstein et al., 2001), em pequenas moléculas de RNA (21-26 nucleótidos), o chamado siRNA (Bernstein et al., 2001; Johansen e Carrington, 2001). A produção de siRNA por Dicer requer ATP e outras proteínas codificadas pelo hospedeiro (Bernstein et al., 2001). Os pequenos RNAs são incorporados a um complexo de silenciamento induzido por RNA chamado RISC, que tem como alvo o mRNA com sequência homóloga para degradação (Bernstein et al., 2001; Tabara et al., 2002). Nas plantas, os siRNAs dividem-se em classes de tamanho curto (21-22 nt) e longo (2426 nt) (Hamilton et al., 2002). As duas classes de tamanho diferentes de siRNA podem desempenhar papéis diferentes na via de silenciamento de RNA. A classe do siRNA curto está envolvida na degradação do mRNA, enquanto a classe do siRNA longo está relacionada com o silenciamento sistémico e a metilação do ADN (Hamilton et al., 2002), o que asseguraria a manutenção do silenciamento. Foi sugerido que a metilação é importante para o controlo da expressão genética em muitos organismos (Finnegan et al., 1998). A metilação do transgene pode provocar a produção de transcritos aberrantes, importantes para desencadear o silenciamento do ARN. Apenas as sequências de ADN complementares ao siRNA são metiladas, o que sugere uma interação direta entre o ARN e o ADN (Matzke et al., 2001).

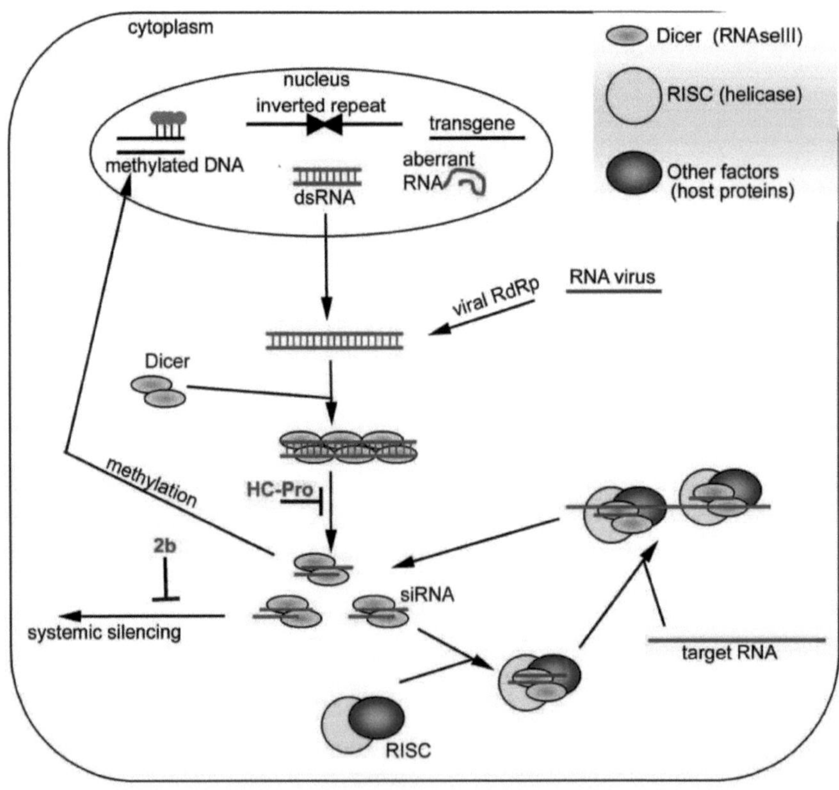

Figura 3. Um modelo simplificado de silenciamento de ARN em plantas. O silenciamento de ARN é

desencadeado por dsRNA proveniente de vírus de ARN replicantes, vírus de ADN ou ARNm de transgénios. O dsRNA é clivado por uma enzima semelhante à RNase III (Dicer) em pequenos RNAs de interferência (siRNA) que são incorporados no complexo de silenciamento induzido por RNA (RISC) e o guiam para moléculas de RNA com sequência homóloga, que é degradada, gerando mais siRNA. Além disso, pensa-se que o siRNA é importante para a metilação do ADN do transgene. Os supressores de silenciamento de RNA codificados por vírus podem interferir em diferentes etapas da via de silenciamento de RNA (Llave et al., 2002).

O silenciamento de ARN é um importante mecanismo de defesa que também demonstrou desempenhar um papel crucial na regulação endógena do desenvolvimento em plantas e animais (Llave et al., 2002). Os pequenos RNAs endógenos (~21 nt de comprimento), denominados micro RNAs (miRNAs), interagem com os seus alvos através de uma complementaridade quase perfeita e dirigem a degradação do mRNA e a repressão translacional (Llave et al., 2002; Carrington e Ambros, 2003). Os miRNAs foram descobertos pela primeira vez em *Caenorhabditis elegans* durante a pesquisa de mutantes com defeitos de desenvolvimento e, desde então, foram identificados em *Drosophila*, humanos, plantas e fungos (Voinnet, 2002). Ao contrário dos siRNA, que são gerados por clivagem de dsRNA, os miRNA surgem de uma molécula precursora de cerca de 70 nt que é transcrita a partir de genes não codificadores de proteínas. A molécula precursora é processada por Dicer e os miRNAs maduros actuam como reguladores negativos de mRNAs-alvo específicos (Carrington e Ambros, 2003). Apesar das diferenças de origem, os siRNAs e os miRNAs são quimicamente semelhantes e funcionalmente intercambiáveis, orientando a degradação específica do RNA. De facto, alguns dos supressores de silenciamento do RNA viral, como o potyviral HC-Pro, o P15 do pecluvirus e o P19 do tombusvirus, demonstraram interferir com a atividade do miRNA (Zilberman et al., 2003; Dunoyer et al., 2004). O silenciamento do ARN é um mecanismo das plantas que regula os genes endógenos e defende contra os agentes patogénicos. Um ou mais paralogues da RNA-polimerase dependente de RNA (RDR), incluindo RDR6 e RDR1 de *A. thaliana*, podem reforçar as respostas de silenciamento primário produzindo dsRNA a partir de um molde viral, condicionando a imunidade antiviral em tecidos não infectados (Deleris et al., 2006). Por conseguinte, o silenciamento do ARN pode ser considerado um mecanismo de defesa antiviral. O silenciamento de genes induzido por vírus (VIGS) tornou-se uma tecnologia poderosa utilizada na genómica funcional, porque os vectores VIGS estão agora disponíveis para a maioria das espécies vegetais, incluindo plantas modelo. Os vectores virais são também utilizados para expressar proteínas heterólogas para diferentes fins, incluindo a vacinação animal ou humana contra vírus. As proteínas supressoras de silenciamento dos vírus das plantas, como a p19 e a HC-Pro, que visam os elementos mais conservados das vias de silenciamento, podem ser aplicadas como ferramentas poderosas para dissecar as vias de silenciamento do ARN, não só nas plantas mas também nas células humanas (Lecellier et al., 2005).

Capítulo 12

Supressores virais do silenciamento do ARN

Para contrariar o silenciamento do ARN como mecanismo de defesa, os vírus codificam proteínas supressoras do silenciamento do ARN que interferem com o silenciamento do ARN (Figura 4) (Csorba et al., 2009). Os vírus de ARN replicam-se através da formação de uma molécula de dsRNA. Como mencionado anteriormente, as moléculas de dsRNA desencadeiam o silenciamento do RNA. Por conseguinte, para poderem infetar plantas, os vírus de plantas desenvolveram estratégias para ultrapassar esta barreira defensiva, ou seja, o silenciamento do ARN (Voinnet et al., 1999). Os vírus codificam proteínas que podem suprimir o silenciamento do ARN. Teoricamente, as proteínas supressoras virais podem contrariar a defesa mediada pelo silenciamento de ARN em três etapas: (1) impedindo a geração de siRNAs, (2) inibindo a incorporação de siRNAs em complexos efectores, (3) interferindo com um dos complexos efectores. Até à data, foram identificados mais de uma dúzia de supressores de silenciamento em diferentes tipos de vírus, incluindo ARN de cadeia positiva, ARN de cadeia negativa, vírus de ADN de cadeia simples e de cadeia dupla (quadro 1). É surpreendente o facto de não ter sido detectada qualquer homologia de sequência entre supressores de silenciamento distintos. Esta diversidade de proteínas supressoras de silenciamento sugere que estas proteínas virais - com outras funções diferentes no ciclo de vida do vírus - evoluíram provavelmente de forma independente em diferentes grupos de vírus. De forma consistente, foi sugerido que diferentes supressores inibem os mecanismos de silenciamento em diferentes etapas. Embora o nosso conhecimento ainda seja limitado sobre o mecanismo de supressão do silenciamento por diferentes supressores, poucos membros das famílias de proteínas supressoras de silenciamento foram estudados em pormenor. Foi demonstrado que a HC-Pro funciona a jusante do sinal de silenciamento sistémico (Mallory et al., 2001).

Um relatório inicial mostrou que a HC-Pro codificada pelo potyvirus aumenta a replicação de vírus não relacionados (Pruss et al., 1997). De facto, a HC-Pro foi a primeira proteína viral identificada como supressora do silenciamento do ARN induzido por transgénicos e vírus. A análise de dados de vários sistemas experimentais levou ao desenvolvimento de vários modelos diferentes para o mecanismo de supressão do silenciamento da HC-Pro. Foi proposto que a HC-Pro reverte o silenciamento de ARN estabelecido actuando sobre a RISC (Brigneti et al., 1998; Voinnet et al., 1999) envolvendo a rgs-CaM, uma proteína relacionada com a calmodulina que é um regulador negativo celular do silenciamento (Anandalakshmi et al., 2000). Outras observações sugeriram que a HC-Pro actua a jusante de uma RDRP, prejudicando a atividade da DICER (Mallory et al., 2001; Dunoyer et al., 2004). Outro estudo comparativo de diferentes proteínas supressoras de silenciamento previu que a ativação de RISC era suprimida através da interação entre HC-Pro e uma proteína ou complexo necessário para o desenrolamento do duplex de siRNA (Chapman et al., 2004). A proteína tombusviral 19kDa (p19) é um dos supressores de silenciamento mais bem estudados até à data. De facto, os avanços na compreensão do mecanismo molecular subjacente à atividade supressora da p19 revelaram que a p19 se liga especificamente a siRNAs de 21 nt ds *in vitro* e *in vivo*, impedindo a incorporação de siRNA em complexos efectores como o RISC (Silhavy et al., 2002; Lakatos et al., 2004). Este modelo foi bem apoiado pela estrutura cristalina tridimensional de raios X de um complexo p19-siRNA, que revelou que um homodímero de p19 actua como um calibrador de ds RNA ligando as extremidades do duplex de siRNA enquanto mede o seu comprimento (Vargason et al., 2003; Ye et al., 2003). Além disso, Lakatos et al. (2006) mostraram que a p19 só pode impedir a montagem do RISC sequestrando ds siRNA ou duplexes de miRNA; no entanto, uma vez montado o complexo RISC, a p19 não tem mais efeito sobre ele. A razão para isso é que p19 não é capaz de ligar o siRNA ou miRNA ss que guia o RISC montado para a clivagem do alvo. O terceiro supressor bem estudado é o p21 do Beet yellows virus (BYV). Verificou-se que a base molecular do mecanismo de supressão do silenciamento da p21 é muito semelhante à da p19. Foi demonstrado que a p21 inibe as vias de silenciamento através da ligação de siRNAs ou de intermediários ds miRNA (Chapman et al., 2004; Voinnet, 2005). Os nossos estudos muito recentes *in vivo* e *in vitro esclareceram* melhor o modo de ação destes supressores de silenciamento (HC-Pro, p19 e p21). Foi demonstrado inequivocamente que a HC-Pro, tal como a p19 e a p21, prejudica o silenciamento do ARN através do sequestro de si e de miRNA, o que resulta na inibição da montagem de RISC guiada por siRNA (Lakatos et al., 2006). Uma vez que estes supressores se ligam a duplexes de si e miRNA, poder-se-ia esperar que interferissem com a metilação 3' de si e miRNAs. A expressão transgénica do HC-Pro resulta numa diminuição acentuada da modificação do terminal 3' dos siRNAs virais, mas não afecta significativamente a modificação dos miRNAs endógenos (Ebhardt et al., 2005). Surpreendentemente, os efeitos da p19 e da HC-Pro na metilação do terminal 3' foram claramente diferentes e podem refletir diferenças subtis quanto à forma e talvez ao local onde estes supressores se ligam e sequestram pequenos duplexes de ARN. A inibição do silenciamento através do sequestro de siRNA parece vantajosa, uma vez que a produção de siRNAs é um elemento conservado do silenciamento antiviral em qualquer hospedeiro. p19, p21 e HC-Pro são proteínas estrutural e evolutivamente não relacionadas, cada uma representando uma pequena família de proteínas específica do seu respetivo taxon viral (Reed et al., 2003; Vargason et al., 2003; Ye et al., 2003; Dolja et al., 2006). Embora se tenha provado inequivocamente que apenas um número limitado de supressores de silenciamento se liga a pequenos duplexes de ARN (Chapman et al., 2004; Dunoyer et al., 2004; Lakatos et al, 2004; 2006), existem várias outras proteínas supressoras de silenciamento que se sugere serem proteínas de ligação de siRNA, como a p14 do *Pothos latent virus*, a proteína 2b do Cucumber mosaic virus, a p38 do TCV, a p15 do Peanut clump virus e a γB3 do Barley stripe mosaic virus (Merai et al., 2006). Assim, o mecanismo de ligação do duplex de siRNA representa uma estratégia recorrente que evoluiu independentemente em várias famílias de vírus (por exemplo, *Tombusviridae*, *Potyviridae*, *Bromoviridae* e *Closteroviridae*) no âmbito dos vírus de ARN de cadeia positiva.

Embora pareça que o sequestro de siRNA é uma estratégia amplamente utilizada para suprimir o silenciamento de RNA, existem também outros mecanismos conhecidos ou previstos de supressão de silenciamento. Outra proteína viral que foi identificada como supressora de silenciamento é a proteína 2b do CMV (Brigneti et al., 1998). Foi demonstrado que a CMV 2b impede a transmissão do sinal de silenciamento sistémico (Guo e Ding, 2002). Impede o início do silenciamento, mas não consegue reverter o silenciamento já estabelecido. Uma possibilidade é que o CMV 2b se ligue diretamente ao sinal. No entanto, o CMV 2b localiza-se no núcleo e esta localização demonstrou ser importante para a supressão (Lucy et al., 2000). Por conseguinte, foi sugerido que o CMV 2b pode induzir ou aumentar a transcrição de supressores de silenciamento endógenos ou reprimir a transcrição de reguladores positivos do silenciamento de ARN (Moissiard e Voinnet, 2004). Tanto o HC-Pro como o 2b tinham sido anteriormente caracterizados como factores de virulência. Por conseguinte, foram estudados factores de patogenicidade de muitos outros vírus e muitos deles são capazes de suprimir o silenciamento do ARN (Voinnet et al., 1999). A proteína supressora de silenciamento de RNA P0 do polerovírus Beet western yellows virus (BWYV) actua como uma proteína F-box que tem como alvo um componente essencial da maquinaria de silenciamento. Foi sugerido que a P0 interage com a sua proteína de substrato para a atribuir à ubiquitinação e depois à degradação (Pazhouhandeh et al., 2006). Sugeriu-se que a proteína de revestimento do TCV inibia as actividades de DICER (Qu et al., 2003), o que foi confirmado por Merai et al. (2006), que demonstraram que a CP do TCV é uma proteína de ligação de dsRNA, que provavelmente interage com dsRNA curto ou longo derivado do vírus. Um relatório mais recente demonstrou que a p38 inibe especificamente a atividade da DCL4 (Deleris et al., 2006). Foi demonstrado que a proteína A-AC4 de um geminivírus se liga a miRNAs maduros e previu-se que a A-AC4 recruta os miRNAs maduros interagindo com um ou mais factores celulares que estão associados ao complexo de carregamento RISC ou RISC (Chellappan et al., 2005). Estas formas alternativas de suprimir o silenciamento demonstram a complexidade da forma como os vírus desenvolveram mecanismos distintos para modificar o sistema celular de modo a permitir a replicação do vírus nas plantas. No entanto, para além de serem factores de virulência, existem poucas semelhanças entre estas proteínas, o que sugere que a capacidade de suprimir o silenciamento do ARN evoluiu como características adicionais de proteínas que já tinham funções diversas (Moissiard e Voinnet, 2004). Até à data, muitos supressores do silenciamento de ARN foram caracterizados por diferentes métodos. Foi desenvolvida uma variedade de ensaios mecanisticamente diferentes para identificar e caraterizar VSR (Qu e Morris, 2005). Um ensaio comummente utilizado baseia-se na co-infiltração de culturas separadas de *A. tumefaciens* que albergam o VSR putativo e um gene repórter (normalmente GFP) em *N. benthamiana* (Johansen e Carrington, 2001). Na ausência de uma VSR funcional, a expressão de GFP do plasmídeo Ti- é reconhecida como exógena pelo hospedeiro e é silenciada em 3 dias após a infiltração. Se a VSR estiver operacional, o nível de expressão da GFP estabiliza-se para além de 7 dias após a filtração. Outro ensaio comum examina a capacidade de um VSR putativo expresso para reverter o silenciamento de um gene repórter transgénico pré-silenciado numa planta hospedeira (Brigneti et al., 1998). Outros VSR foram identificados utilizando técnicas como a enxertia (Voinnet et al., 2000), *A. thaliana* ou *N. benthamiana* transgénicas que expressam supressores putativos (Anandalakshmi et al., 1998; Deleris et al., 2006) e cultura de células (Li et al., 2004). Cada ensaio tem as suas vantagens e desvantagens e a capacidade de detetar VSR que actuam em diferentes etapas da via de silenciamento. O ensaio de coinfiltração, por exemplo, é fácil e rápido; no entanto, não é muito sensível e não identifica os supressores que afectam o silenciamento sistémico (Lu et al., 2004). Entretanto, a enxertia pode detetar VSR que afectam o silenciamento sistémico, mas pode ser demorada, tal como o trabalho que envolve a pré-silenciamento de plantas transgénicas. O sistema de expressão transiente *mediado por A. tumefaciens* é uma ferramenta versátil para introduzir rapidamente genes no tecido vegetal. Este sistema permite a expressão de genes num curto período de tempo e sem a necessidade de regenerar plantas transgénicas. Uma caraterística útil deste sistema é a capacidade de introduzir vários genes simultaneamente num pedaço de tecido foliar. É provável que a utilidade deste sistema aumente, nomeadamente para análises genómicas e proteómicas funcionais de elevado rendimento. O sistema de expressão mediado por *Agrobacterium* também tem sido utilizado eficazmente como meio de introduzir indutores e supressores de silenciamento de ARN em plantas transgénicas que expressam um gene repórter de silenciamento (por exemplo, Brigneti et al., 1998; Voinnet et al., 2000). No nosso estudo, desenvolvemos ferramentas e procedimentos para permitir a análise do silenciamento de ARN utilizando o sistema de expressão transiente *mediado por Agrobacterium* na ausência de um repórter transgénico estável. Foi analisada a resposta de um gene repórter na presença de indutores de silenciamento de ARN fracos e fortes, bem como o efeito da co-introdução de um supressor de silenciamento codificado por vírus. Os resultados indicam que o silenciamento de ARN altamente eficaz pode ser desencadeado rapidamente com indutores fortes. Os resultados também indicam que o silenciamento de ARN pode ser uma consequência inevitável da entrega transiente de genes funcionais mediada por *Agrobacterium* sob o controlo de um promotor forte, mas que pode ser contrariada através da utilização de supressores de silenciamento (Johansen et al., 2001).

Estudos recentes revelaram que a autofagia está envolvida na degradação de VSRs, que desempenha um papel crítico na defesa antiviral das plantas (Agius et al., 2012). Uma proteína semelhante à calmodulina do tabaco (rgs-CaM) funciona como um mecanismo antiviral secundário na defesa antiviral. Rgs-CaM liga-se a diferentes VSRs, incluindo HC-Pro e 2b, para reduzir a atividade supressora e promover a sua degradação por autofagia (Nakahara et al., 2012). Os níveis proteicos de rgs-CaM e de VSRs em interação aumentaram nas células vegetais após tratamento com um inibidor da autofagia ou por silenciamento do *ATG6* do tabaco (Nakahara et al., 2012). Além disso, os rgs-CaM acumulados e os VSRs em interação co-localizaram-se com autofagossomas corados com LysoTracker, sugerindo que são recrutados para autofagossomas para degradação após a formação do complexo (Nakahara et al., 2012). A sobre-expressão de rgs-CaM em plantas transgénicas aumentou a resistência, enquanto o silenciamento levou a uma maior suscetibilidade à infeção viral (Nakahara et al., 2012). P0, outro VSR do polerovírus, tem como alvo a degradação autofágica de AGO1 (Derrien et al., 2012). Assim, P0 sequestra uma ubiquitina E3 ligase celular do hospedeiro para ubiquitinar AGO1, e a AGO1 ubiquitinada é direcionada para degradação antes da montagem do RISC por meio da autofagia seletiva (Zhou et al., 2014). A proteína ligada ao genoma viral (VPg), como VSR do vírus do mosaico do nabo, interage com o supressor do silenciamento do gene 3 (SGS3), um componente-chave da via de silenciamento do ARN que funciona na síntese de ARN de cadeia dupla para a produção de siRNA derivado do vírus. A expressão de VPg por si só é suficiente para induzir a degradação de SGS3 e do seu parceiro íntimo, a RNA polimerase 6 dependente de RNA. Além disso, a degradação de SGS3 mediada por VPg ocorre através das vias do ubiquitina-proteassoma 20S e da autofagia (Cheng e Wang, 2017).

Capítulo 13

Papel dos VSRs na infeção mista viral

A infeção mista de plantas hospedeiras com dois ou mais vírus ocorre frequentemente na natureza e os vírus co-infectantes podem levar a alterações na infecciosidade e na epidemiologia dos vírus (Martin e Elena, 2009). Estas interacções entre vírus de plantas que infectam simultaneamente um único hospedeiro incluem antagonismo ou sinergismo que podem ter impactos significativos na epidemiologia e na gestão das doenças virais das plantas (Garda-Cano et al., 2006; Hacker e Fowler, 2000; Malapi-Nelson et al., 2009; Martin e Elena, 2009; Sanchez-Navarro et al., 2006; Wintermantel et al., 2008). Em infecções conjuntas de *N. benthamiana, N. tabacum* e tomate com o *vírus do mosaico do Abutilon* (AbMV) e o CMV, a limitação do floema do AbMV desaparece e os sintomas desenvolvem-se de forma mais grave devido à expressão transgénica da proteína de movimento 3a do CMV, bem como da proteína supressora de silenciamento 2b, tendo a proteína de silenciamento sido considerada responsável pela sinergia resultante (Wege e Siegmund, 2007). Pruss et al. (1997) realizaram uma investigação sobre o mediador das interacções sinérgicas entre o PVX e o PVY, tendo identificado que o gene TEV HC-Pro é o mediador do sinergismo e sugerido que tal se pode dever à sua interferência com um sistema de defesa do hospedeiro, ou seja, o silenciamento do ARN. Experiências posteriores de Anandalakshmi et al. (1998) e Kasschau e Carrington (1998) levaram a esta conclusão de que o HC-Pro potyviral suprimiu efetivamente a ação de silenciamento do ARN. A expressão transgénica do TMV 126-kDa VSR em plantas *de N. tabacum* aumenta a suscetibilidade a vários vírus não relacionados, incluindo o AMV, o BMV, o *Tobacco rattle virus* (TRV) e o PVX (Harries et al., 2008). *N. tabacum* é um hospedeiro do TRV e do PVX, mas os sintomas são mais graves na presença do VSR; normalmente não é um hospedeiro sistémico do BMV, mas a presença do VSR permite uma infeção bem sucedida do vírus. Utilizando um VIGS do TRV, foi indicado que o VSR do TMV melhorava os fenótipos de silenciamento e que este VIGS melhorado correspondia a níveis baixos da proteína supressora. Quando a VSR do TMV sofreu uma mutação que a torna incapaz de suprimir o silenciamento, verificou-se um efeito mínimo na VIGS. Estes resultados sugerem que a atividade da VSR é responsável pelos efeitos de dosagem.

Os VSRs dos dois vírus, incluindo o produto do gene AC4 do vírus do mosaico da *mandioca africana* (ACMV) e o produto do gene AC2 do *vírus do mosaico da mandioca dos Camarões da África Oriental* (EACMCV), parecem atuar em conjunto (Vanitharani et al., 2004). Sugere-se que o ACMVAC4 suprime o sistema de defesa do hospedeiro no início da infeção e, como resultado, as plantas desenvolvem sintomas rapidamente após a inoculação. O EACMCV AC2 torna-se ativo cerca de 2 semanas mais tarde, levando à ausência de recuperação da doença. Isto pode indicar que os dois VSRs visam passos diferentes na(s) via(s) de silenciamento do ARN de uma forma temporal e espacial, permitindo que os outros vírus em interação se acumulem para além dos limites normais mediados pelo hospedeiro e conduzindo a um fenótipo sinérgico viral nas plantas.

A dinâmica da infeção de infecções mistas de CMV e TuMV foi estudada e revela uma relação entre a supressão do silenciamento do ARN, o sinergismo viral e a interferência (Takeshita et al., 2012). Os resultados deste estudo sugerem que o silenciamento do ARN não está envolvido na descarga do CMV da vasculatura e indicam que a função de descarga da proteína 2b pode ser independente da sua atividade VSR. Há também evidências de interferência entre os dois clones do CMV e entre cada clone e o TuMV, o que não parece envolver o silenciamento do ARN em grande medida.

Pode concluir-se que, se os vírus co-infectantes utilizarem VSRs que visam diferentes etapas do processo de RNAi, é provável que ocorra sinergismo, uma vez que a defesa do hospedeiro é perturbada a um nível mais elevado do que na infeção única.

Capítulo 14

Aplicação de VSRs para melhorar a infeção viral

Uma das aplicações dos VSR é a sua utilização em patossistemas vírus-hospedeiro, a fim de melhorar a infeção viral. Foi demonstrado que a expressão transgénica da proteína 2b do CMV como supressor de silenciamento de RNA pode aumentar a infeção sistémica do *Abutilon mosaic geminivirus*, resultando no desenvolvimento de sintomas (Wege e Siegmund 2007). Verificou-se que a proteína 2b se liga a siRNAs *sintetizados in vitro*, indicando que o CMV 2b pode suprimir o silenciamento de RNA ligando-se diretamente a siRNAs no processo de silenciamento de RNA transcricional (Goto *et al*, 2007). Noutro estudo, a co-agroinoculação de uma construção de proteína p19 tombusviral como supressor de silenciamento de RNA com os clones infecciosos WDV foi utilizada para melhorar a eficiência da infeção em plantas de trigo ou cevada (Ghodoum Parizipour, 2016).

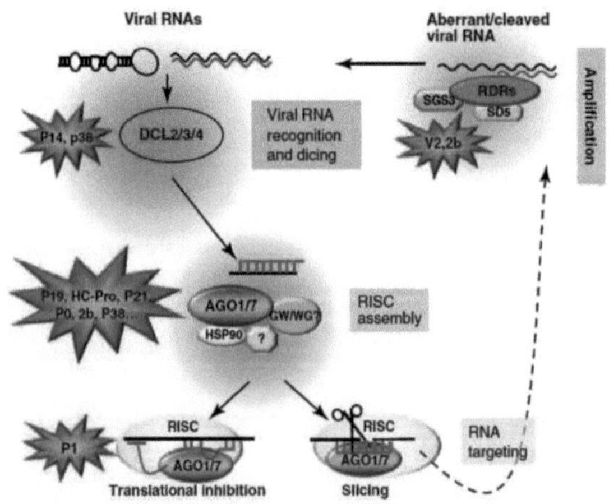

Figura 4. Modelo atual de silenciamento antiviral do ARN nas plantas e sua supressão por supressores de silenciamento codificados por vírus. O silenciamento do ARN é iniciado pelo reconhecimento de dsRNAs virais ou de RNAs hairpin parcialmente ds, que são processados em vsiRNAs por RNases específicas de dsRNA denominadas DCLs (DCL2/3/4). Os supressores de silenciamento viral podem interromper estas vias em vários pontos, impedindo assim a montagem de diferentes efectores ou

inibindo as suas acções. Estão representados os pontos em que determinados VSRs (ou seja, P14, P38, V2, 2b, P19, HC-Pro, P21, P0 e P1) interagem com as vias de silenciamento (Burgyan e Havelda, 2011).

Capítulo 15

Observações finais

- O silenciamento do ARN é um mecanismo de defesa inato através do qual as plantas combatem a infeção viral.
- O fenótipo de recuperação é o resultado de uma maquinaria ativa de silenciamento de RNA em plantas infectadas com vírus.
- Os vírus das plantas desenvolveram proteínas que são denominadas supressores de silenciamento do ARN.
- Os supressores de silenciamento do ARN viral foram identificados em muitos patossistemas vírus-hospedeiro.
- As proteínas supressoras de diferentes vírus têm como alvo várias etapas do processo de silenciamento do ARN.
- O fenótipo de sinergismo na infeção mista é o resultado da co-infeção de diferentes vírus que albergam proteínas supressoras do silenciamento do ARN com diferentes modos de ação.
- Os supressores de silenciamento de RNA viral têm sido amplamente utilizados para aumentar a expressão de proteínas e a infeção viral em plantas hospedeiras.
- A aplicação de supressores de silenciamento de ARN viral pode ajudar a expressão de proteínas em hospedeiros que não conseguem produzir uma proporção significativa de uma proteína desejada.

Referência

Adams, M. J., Antoniw, J. F., & Kreuze, J. (2009). *Virgaviridae*: uma nova família de vírus de plantas em forma de bastonete. *Archives of Virology*, *154*(12), 1967-1972.

Adams, M.J., Antoniw, J.F., & Mullins, J. G. L. (2001). A transmissão de vírus de plantas por fungos plasmodioforídeos está associada a regiões transmembranares distintas de proteínas codificadas por vírus. *Archives of Virology*, *146*(6), 1139-1153.

Agius, C., Eamens, A. L., Millar, A. A., Watson, J. M., & Wang, M. B. (2012). Silenciamento de RNA e defesa antiviral em plantas. *Resistência antiviral em plantas: Métodos e Protocolos*, 17-38.

Alamillo, J. M., *Saenz,* P., & Garca, J. A. (2006). Mecanismos de defesa mediados por ácido salicílico e silenciamento de RNA cooperam na restrição da disseminação sistémica do vírus da varíola da ameixa no tabaco. *The Plant Journal*, *48*(2), 217-227.

Almasi, R., Miller, W. A., & Ziegler-Graff, V. (2015). Os vírus do anão amarelo dos cereais leves e graves diferem na eficiência do supressor de silenciamento da proteína P0. *Virus Research*, *208*, 199-206.

Alvarez, M.E. (2000). Ácido salicílico na maquinaria de morte celular hipersensível e resistência a doenças. *Biologia Molecular das Plantas*, *44*, 429-442.

Anandalakshmi, R. et al. A viral suppressor of gene silencing in plants. Proc. Natl Acad. Sci. USA 95, 13079-13084 (1998).

Anandalakshmi, R., Marathe, R., Ge, X., Herr, J. M., Mau, C., Mallory, A., ...Vance, V. B. (2000). Uma proteína relacionada com a calmodulina que suprime o silenciamento pós-transcricional de genes em plantas. *Science*, *290*(5489), 142-144.

Anandalakshmi, R., Pruss, G. J., Ge, X., Marathe, R., Mallory, A. C., Smith, T. H., & Vance, V. B. (1998). Um supressor viral de silenciamento de genes em plantas. *Proceedings of the National Academy of Sciences*, *95*(22), 13079-13084.

Anandalakshmi, R., Pruss, G.J., Ge, X., Marathe, R., Mallory, A.C., et al., 1998. Um supressor viral de silenciamento de genes em plantas. Proc. Natl. Acad. Sci. USA 95, 13079-13084.

Andersen, B.A.B., Nicolaisen, M. & Nielsen, S.L. (2002). Hospedeiros alternativos para o potato mop-top virus, género Pomovirus e o seu vetor *Spongospora subterranea* f.sp. *subterranea*. *Potato Research*, *45*(1), 37-43.

Arif, M., Torrance, L. & Reavy, B. (1995). Aquisição e transmissão do potato mop-top furovirus por uma cultura de *Spongospora-subterranea* f-sp *subterranea* derivada de um único cystosorus. *Annals of Applied Biology*, *126*(3), 493-503.

Ascencio-Ibanez, J. T., Sozzani, R., Lee, T. J., Chu, T. M., Wolfinger, R. D., Cella, R., & Hanley-Bowdoin, L. (2008). Global analysis of Arabidopsis gene expression uncovers a complex array of changes impacting pathogen response and cell cycle during geminivirus infection. *Plant Physiology*, *148*(1), 436-454.

Atkinson, P. H., & Matthews, R. E. F. (1970). Sobre a origem do tecido verde escuro em folhas de tabaco infectadas com o vírus do mosaico do tabaco. Virology, 40, 344-356.

Atsumi, G., Kagaya, U., Kitazawa, H., Nakahara, K.S. & Uyeda, I. (2009). A ativação da via de sinalização do ácido salicílico aumenta a virulência *do Clover yellow vein virus* em cultivares de ervilha susceptíveis. *Molecular Plant-Microbe Interaction*, *22*, 166-175.

Azevedo, J., Garcia, D., Pontier, D., Ohnesorge, S., Yu, A., Garcia, S. & Voinnet, O. (2010). Argonaute quenching e mudanças globais na homeostase de Dicer causadas por uma proteína repetida GW codificada por patógenos. *Genes e Desenvolvimento*, *24*(9), 904-915.

Baebler, S., Witek, K., Petek, M., Stare, K., Tusek-Znidaric, M., Pompe-Novak, M., ... Morgiewicz,

K. (2014). O ácido salicílico é um componente indispensável da resposta mediada pelo gene de resistência Ny-1 contra a infeção pelo *vírus Y da batata* na batata. *Jornal de Botânica Experimental*, *65*(4), 1095-1109.

Balbi V. & Devoto A. (2007). Rede de sinalização de jasmonato em Arabidopsis thaliana: nós reguladores cruciais e novos cenários fisiológicos. *New Phytologist*, *177*, 301-318.

Barker, H., & Harrison, B. D. (1984). Expressão de genes de resistência ao vírus Y da batata em plantas e protoplastos de batata. *Annals of Applied Biology*, *105*(3), 539-545.

Bartels, R. (1971). Potato virus A. Descriptions of Plant Viruses no. 54. *Kew, Reino Unido: CMI/AAB*.

Baulcombe, D.C. (2002). RNA silencing. *Current Biology, 12,* 82-84.

Baumberger, N. & Baulcombe, D.C. (2005). *Arabidopsis* ARGONAUTE1 é um RNA Slicer que recruta seletivamente micro RNAs e RNAs de interferência curtos. *Proceedings of the* National Academy *of Sciences of the United States*, *102*, 11 928-11 933.

Baumberger, N., Tsai, C. H., Lie, M., Havecker, E., & Baulcombe, D. C. (2007). O supressor de silenciamento do Polerovírus P0 tem como alvo as proteínas ARGONAUTE para degradação. *Current Biology*, *17*(18), 1609-1614.

Beck, D. L., Forster, R. L., Bevan, M. W., Boxen, K. A., & Lowe, S. C. (1990). Transcrições infecciosas e sequência de nucleótidos do cDNA clonado do potexvírus do vírus do mosaico do trevo branco. *Virology*, *177*(1), 152-158.

Bernard, A. & Klionsky, D.J. (2013). Formação de autofagossomas: Rastreando a fonte. *Célula de Desenvolvimento*, *25*(2), 116-117.

Bernstein, E., Caudy, A. A., Hammond, S. M., & Hannon, G. J. (2001). Papel de uma ribonuclease bidentada na etapa de iniciação da interferência do RNA. *Nature*, *409*(6818), 363-366.

Bologna, N. G., & Voinnet, O. (2014). A diversidade, biogênese e atividades de pequenos RNAs silenciadores endógenos em *Arabidopsis*. *Revisão Anual de Biologia Vegetal*, 65, 473-503.

Boya, P., Reggiori, F. & Codogno, P. (2013). Regulação emergente e funções da autofagia. *Nature Cell Biology*, *15*, 713-720.

Boyer, J.C. & Haenni, A.L. (1994). Transcrições infecciosas e clones de cDNA de vírus RNA. *Virologia*, *198*, 415-426.

Brigneti, G. et al. Viral pathogenicity determinants are suppressors of transgene silencing in Nicotiana benthamiana. EMBO J. 17, 6739-6746 (1998).

Brigneti, G., Voinnet, O., Li, W.-X., Ji, L.-H., Ding, S.-W. & Baulcombe, D.C. (1998). Determinantes de patogenicidade viral são supressores do silenciamento de transgene em *Nicotiana benthamiana*. *EMBO Journal*, *17*, 6739-6746.

Brodersen, P., Petersen, M., Nielsen, H.B., Zhu, S., Newman, M.-A., Shokat, K.M., Rietz, S., Parker, J. & Mundy, J. (2006). Arabidopsis MAP kinase 4 regulates salicylic acid- and jasmonic acid/ethylene-dependent responses via EDS1 and PAD4. *Plant Journal*, *47*, 532-546.

Brown, T. A. (2010). *Clonagem de genes e análise de ADN: uma introdução* (6th ed). Wiley-Blackwell, West Sussex, Reino Unido.

Bruening, G. (2006). Resistência à infeção. In *Natural resistance mechanisms of plants to viruses* (*Mecanismos naturais de resistência das plantas aos vírus*) (pp. 211-240). Springer Netherlands.

Bucher, E., Hemmes, H., de Haan, P., Goldbach, R. & Prins, M. The influenza A virus NS1 protein binds small interfering RNAs and suppresses RNA silencing in plants. J. Gen. Virol. 85, 983-991 (2004).

Bucher, E., Sijen, T., De Haan, P., Goldbach, R. & Prins, M. Os tospovírus de cadeia negativa e os tenuivírus transportam um gene para um supressor de silenciamento de genes em posições genómicas análogas. J. Virol. 77, 1329-1336 (2003).

Burgyan, J., & Havelda, Z. (2011). Supressores virais de silenciamento de RNA. *Tendências em*

Ciências Vegetais, *16*(5), 265-272.

Burgyan, J., Nagy, P. D., & Russo, M. (1990). Síntese de RNA infecioso a partir de cDNA clonado de comprimento total para RNA de cymbidium ringspot tombusvirus. *Journal of General Virology*, *71*(8), 18571860.

Calvert, E.L. & Harrison, B.D. (1966). Potato mop-top, um vírus transmitido pelo solo. *Plant Pathology*, *15*(3), 134-139.

Canizares, M. C., Nicholson, L. I. Z., & Lomonossoff, G. P. (2005). Utilização de vectores virais para a produção de vacinas em plantas. *Immunology and Cell Biology*, *83*(3), 263-270.

Canto, T., MacFarlane, S. A. & Palukaitis, P. (2004). A ORF6 do Tobacco mosaic virus é um determinante da patogenicidade viral em *Nicotiana benthamiana*. *Journal of General Virology*, *85*, 3123-3133.

Carnegie, S.F., Davey, T. & Saddler, G.S. (2011). Prevalência e distribuição do Potato mop-top virus na Escócia. *Plant Pathology*, *61*(4), 623-631.

Carrillo-Tripp, J., Lozoya-Gloria, E., & Rivera-Bustamante, R. F. (2007). Remissão de sintomas e resistência específica de plantas de pimentão após infeção pelo *Pepper golden mosaic virus*. Phytopathology, 97, 51-59.

Carrington, J. C., & Ambros, V. (2003). Papel dos microRNAs no desenvolvimento de plantas e animais. *Science*, *301*(5631), 336-338.

Cerovska, N., Moravec, T., Rosecka, P., Filigarova, M. & Pecenkova, T. (2003). Sequências nucleotídicas das regiões codificadoras da proteína do revestimento de seis isolados do potato mop-top virus. *Ata Virologica*, *47*(1), 37-40.

Cerovska, N., Pecenkova, T., Filigarova, M. & Dedic, P. (2007). Análise de sequências do isolado Korneta-Nemilkov do vírus checo do mop-top da batata (PMTV). *Folia Microbiologica*, *52*(1), 61-64.

Chao, L. (1990). Aptidão do vírus de ARN diminuída pela catraca de Muller. *Nature*, *348*(6300), 454-455.

Chapman, E. J., Prokhnevsky, A. I., Gopinath, K., Dolja, V. V., & Carrington, J. C. (2004). Os supressores de silenciamento de RNA viral inibem a via do microRNA em uma etapa intermediária. *Genes e Desenvolvimento*, *18*(10), 1179-1186.

Chellapan, P., Vanitharani, R., & Fauquet, M. C. (2004). A acumulação de ARN curto de interferência correlaciona-se com a recuperação do hospedeiro em hospedeiros infectados com vírus, e o silenciamento de genes visa sequências virais específicas. Journal of Virology, 78, 7465-7477.

Chellapan, P., Vanitharani, R., Obge, F., & Fauquet, M. C. (2005). Efeito da temperatura no silenciamento de RNA induzido por geminivírus em plantas. Plant Physiology, 138, 1828-1841.

Chellappan, P., Vanitharani, R., Ogbe, F., & Fauquet, C. M. (2005). Efeito da temperatura no silenciamento de RNA induzido por geminivírus em plantas. *Plant Physiology*, *138*(4), 1828-1841.

Chen, J., Li, W. X., Xie, D., Peng, J. R. & Ding, S. W. Viral virulence protein suppresses RNA silencing-mediated defense but upregulates the role of microRNA in host gene expression. Plant Cell16, 1302-1313 (2004).

Cheng, X., & Wang, A. (2017). A proteína supressora de silenciamento de potyvírus VPg medeia a degradação de SGS3 por meio de vias de ubiquitinação e autofagia. *Jornal de Virologia*, *91*(1), e01478-16.

Chiu, M. H., Chen, I., Baulcombe, D. C., & Tsai, C. H. (2010). O supressor de silenciamento P25 do *Potato virus X* interage com Argonaute1 e medeia a sua degradação através da via do proteasoma. *Molecular Plant Pathology*, *11*(5), 641-649.

Chung, T., Suttangkakul A. & Vierstra, R.D. (2009). O sistema de conjugação autofágica ATG no milho: Os transcritos de ATG e a abundância do aduto lipídico ATG8 são regulados pelo desenvolvimento e pela disponibilidade de nutrientes. *Plant Physiology, 149,* 220-234.

Cohen, Y., Gisel, A. & Zambryski, P.C. (2000). Cell-to-cell and systemic movement of recombinant green fluorescent protein-tagged turnip crinkle viruses. *Virologia, 273*, 258-266.

Cooper, J.I. & Harrison, B.D. (1973). Distribuição do Potato mop-top virus na Escócia em relação ao solo e ao clima. *Plant Pathology*, *22*(2), 73-78.

Cowan, G. H., Roberts, A. G., Chapman, S. N., Ziegler, A., Savenkov, E. I., & Torrance, L. (2012). A proteína TGB2 do vírus mop-top da batata e o RNA viral se associam aos cloroplastos e a infeção viral induz inclusões nos plastídeos. *Frontiers in Plant Science*, *3*, 290.

Cowan, G. H., Torrance, L., & Reavy, B. (1997). Deteção da proteína de leitura do capsídeo do Potato mop-top virus em partículas de vírus. *Journal of General Virology*, *78*(7), 1779-1783.

Cronin, S., Verchot, J., Haldeman-Cahill, R., Schaad, M. C., & Carrington, J. C. (1995). Fator de movimento de longa distância: uma função de transporte da proteinase do componente auxiliar do potyvirus. *The Plant Cell*, *7*(5), 549-559.

Crooks, G. E., Hon, G., Chandonia, J. M., & Brenner, S. E. (2004). WebLogo: um gerador de logótipos de sequências. *Genome research*, *14*(6), 1188-1190.

Crosslin, J.M. (2011). Primeiro relatório do *Potato mop-top virus* em batatas no estado de Washington. *Plant Disease*, *95*(11), 1483.

Csorba, T., Pantaleo, V., & Burgyan, J. (2009). Silenciamento de RNA: um mecanismo antiviral. *Avanços na Investigação sobre Vírus*, *75*, 35-230.

Cui, X., Li, G., Wang, D., Hu, D., & Zhou, X. (2005). A begomovirus DNAβ-encoded protein binds DNA, functions as a suppressor of RNA silencing, and targets the cell nucleus. *Journal of Virology*, *79*(16), 10764-10775.

Das, D. K., & Maulik, N. (2006). Resveratrol na cardioprotecção: uma promessa terapêutica da medicina alternativa. *Molecular Interventions*, *6*(1), 36.

David, N., Mallik, I., Crosslin, J.M. & Gudmestad, N.C. (2010). Primeiro relatório do *Potato mop-top virus* em Dakota do Norte. *Plant Disease*, *94*(12), 1506.

Deleris, A., Gallego-Bartolome, J., Bao, J., Kasschau, K. D., Carrington, J. C., & Voinnet, O. (2006). Hierarchical action and inhibition of plant Dicer-like proteins in antiviral defense. *Science*, *313*(5783), 68-71.

Delgadillo, M. O., Saenz, P., Salvador, B., Garcia, J. A. & Simon-Mateo, C. A proteína NS1 do vírus da gripe humana aumenta a patogenicidade viral e actua como um supressor de silenciamento de RNA em plantas. J. Gen. Virol. 85, 993-999 (2004).

Deretic, V. (2012). Autofagia: um paradigma imunológico emergente *Journal of Immunology*, *189*,15-20.

Derrien, B., Baumberger, N., Schepetilnikov, M., Viotti, C., De Cillia, J., Ziegler-Graff, V., Isono, E., Schumacher, K. & Genschik, P. (2012). Degradação do componente antiviral ARGONAUTE1 pela via da autofagia. *Actas da* Academia Nacional *de Ciências dos Estados Unidos, 109* (39), 15942-15946.

Devadas, S. K., Enyedi, A., & Raina, R. (2002). A mutação hrl1 da Arabidopsis revela novos papéis sobrepostos para a sinalização do ácido salicílico, do ácido jasmónico e do etileno na morte celular e na defesa contra agentes patogénicos. *The Plant Journal*, *30*(4), 467-480.

Dinesh-Kumar, S.P., Tham, W.H. & Baker, B.J. (2000). Análise estrutura-função do gene de resistência ao vírus do mosaico do tabaco N. *Proceedings of the* National Academy *of Sciences of the United States*, *97*, 14789-14794.

Ding, S.W. & Voinnet, O. (2007) Antiviral immunity directed by small RNAs. *Cell*, *130*, 413426.

Ding, S.W. (2010). Imunidade antiviral baseada em RNA. *Nature Review Immunology*, *10*, 632-644.

Dolja, V. V., Kreuze, J. F., & Valkonen, J. P. (2006). Genómica comparativa e funcional dos closterovírus. *Virus Research*, *117*(1), 38-51.

Dougherty, W. G., & Carrington, J. C. (1988). Expressão e função de produtos de genes potyvirais. *Revisão Anual de Fitopatologia*, *26*(1), 123-143.

Duarte, E., Clarke, D., Moya, A., Domingo, E., & Holland, J. (1992). Perdas rápidas de aptidão em clones de vírus de ARN de mamíferos devido à catraca de Muller. *Proceedings of the National Academy of Sciences*, *89*(13), 6015-6019.

Duncan, D.B. (1951). Um teste de significância para diferenças entre tratamentos classificados numa análise de variância. *Virginia Journal of Science*, *2*, 171-189.

Dunoyer, P. et al. Identificação, localização subcelular e algumas propriedades de um supressor de silenciamento de genes rico em cisteína codificado pelo vírus do torrão de amendoim. Plant J. 29, 555-567 (2002).

Dunoyer, P., Lecellier, C. H., Parizotto, E. A., Himber, C., & Voinnet, O. (2004). Probing the MicroRNA and Small Interfering RNA Pathways with Virus-Encoded Suppressors of RNA Silencing. *The Plant Cell*, *16*(5), 1235-1250.

Ebhardt, H. A., Thi, E. P., Wang, M. B., & Unrau, P. J. (2005). A modificação extensiva 3' de pequenos RNAs de plantas é modulada pela expressão da componente-proteinase auxiliar. *Actas da Academia Nacional das Ciências dos Estados Unidos da América*, *102*(38), 13398-13403.

Endres, M. W., Gregory, B. D., Gao, Z., Foreman, A. W., Mlotshwa, S., Ge, X., ... & Vance, V. (2010). Dois supressores virais de silenciamento de plantas requerem o fator de transcrição RAV2 do hospedeiro induzível por etileno para bloquear o silenciamento de RNA. *PLoS Pathogens*, *6*(1), e1000729.

Finnegan, E. J., Genger, R. K., Peacock, W. J., & Dennis, E. S. (1998). DNA methylation in plants. *Revisão Anual de Biologia Vegetal*, *49*(1), 223-247.

Fire, A., Xu, S., Montgomery, M. K., Kostas, S. A., Driver, S. E., & Mello, C. C. (1998). Interferência genética potente e específica por RNA de cadeia dupla em Caenorhabditis elegans. *Nature*, *391*(6669), 806-811.

Fischer, R.E., Stoger, S., Schillberg, P. & Twyman, R.M. (2004). Produção de produtos biofarmacêuticos a partir de plantas. *Current Opinion Plant Biology*, 7, 152-158.

Foxe, M.J. (1980). An investigation of the distribution of *Potato mop-top virus* in Country Donegal. *Journal of Life Sciences, Royal Dublin Society*, *1*(2), 149-155.

Fraile, A., Alonso-Prados, J. L., Aranda, M. A., Bernal, J. J., Malpica, J. M., & Garcia-Arenal, F. (1997). O intercâmbio genético por recombinação ou rearranjo é pouco frequente em populações naturais de um vírus vegetal de ARN tripartido. *Journal of Virology*, *71*(2), 934-940.

Furuichi, Y., Lafiandra, A., & Shatkin, A. J. (1977). Estrutura 5'-Terminal e estabilidade do mRNA. *Nature*, *266*, 235-239.

Fusaro, A.F., Correa, R.L., Nakasugi, K., Jackson, C., Kawchuk, L., Vaslin, M.F. & Waterhouse, P.M. (2012). A proteína P0 do Enamovírus é um supressor de silenciamento que inibe o silenciamento local e sistêmico de RNA por meio da degradação *de AGO1. Virologia*, *426* (2), 178-187.

Gal-On, A., Canto, T., & Palukaitis, P. (2000). Caracterização do vírus do mosaico do pepino geneticamente modificado que expressa as proteínas 1a e 2a marcadas com histidina. *Archives of Virology*, *145*(1), 3750.

Garca-Cano, E., Resende, R. O., Fernandez-Munoz, R., & Moriones, E. (2006). A interação sinérgica entre o *Tomato chlorosis virus* e *o Tomato spotted wilt virus* resulta na quebra da resistência do tomateiro. *Phytopathology*, 96, 1263-1269.

Garda-Cano, E., Resende, R. O., Fernandez-Munoz, R., & Moriones, E. (2006). A interação sinérgica entre o *Tomato chlorosis virus* e o *Tomato spotted wilt virus* resulta na quebra de resistência do tomateiro. *Phytopathology*, 96, 1263-1269.

Garcia-Marcos, A., Pacheco, R., Manzano, A., Aguilar, E. & Tenllado, F. (2013). Os genes de biossíntese de oxilipina regulam positivamente a morte celular programada durante infecções compatíveis com o par sinérgico potato virus X-potato virus Y e Tomato spotted wilt virus. *Journal of Virology*, *87*, 5769-5783.

Ghodoum Parizipour, M. H. (2016). Caracterização biológica e filogenética de isolados iranianos do *vírus do nanismo do trigo*. Dissertação de doutoramento em Patologia Vegetal, Universidade de Shiraz, Irão.

Ghoshal, B., & Sanfagon, H. (2015). Recuperação de sintomas em plantas infectadas por vírus: revisitando o papel dos mecanismos de silenciamento de RNA. *Virologia*, *479*, 167-179.

Gil, J.F., Gutierrez, P.A., Cotes, J.M., Gonzalez, E.P. & Marin, M. (2011). Caracterização genotípica de isolados colombianos do Potato mop-top virus (PMTV, *Pomovirus*). *Actualidades Biologicas*, *33*(94), 69-84.

Gilliland, A., Murphy, A. M. & Carr, J. P. (2006). Mecanismos de resistência induzida. In: Loebenstein, G., Carr, J. P. (Eds.), Natural Resistance Mechanisms of Plants to Viruses (pp. 125-144). Springer, Dordrecht, Países Baixos.

Giner, A., Lakatos, L., Garda-Chapa, M., Lopez-Moya, J. J., & Burgyan, J. (2010). A proteína viral inibe a atividade do RISC através da ligação de argonautas por motivos WG/GW conservados. *PLoS Pathogens*, *6*(7), e1000996.

Gonza'lez-Jara, P., Atencio, F. A., Martı'nez-Garc ı'a, B., Barajas, D., Tenllado, F. & Dı'az-Ru ı'z, J. R. (2005). Uma mutação de um único aminoácido no gene da componente-proteinase auxiliar do vírus da varíola da ameixa elimina as actividades de supressão sinérgica e de silenciamento do ARN. *Phytopathology*, *95*, 894-901.

Gopal, P., Kumar, P. P., Sinilal, B., Jose, J., Yadunandam, A. K., & Usha, R. (2007). Papéis diferenciais de C4 e βC1 na mediação da supressão do silenciamento de genes pós-transcricionais: evidência de transactivação pelo C2 do vírus do mosaico da veia amarela de Bhendi, um begomovírus monopartido. *Virus research*, *123*(1), 9-18.

Green, M. R., Maniatis, T., & Melton, D. A. (1983). O pré-mRNA da β-globina humana sintetizada *in vitro* é precisamente emendada em núcleos de oócitos de Xenopus. *Cell*, *32*(3), 681-694.

Gross, J. D., Moerke, N. J., von der Haar, T., Lugovskoy, A. A., Sachs, A. B., McCarthy, J. E., & Wagner, G. (2003). O carregamento do ribossoma na capa do mRNA é impulsionado pelo acoplamento conformacional entre o eIF4G e o eIF4E. *Cell*, *115*(6), 739-750.

Guilley, H., Bortolamiol, D., Jonard, G., Bouzoubaa, S. & Ziegler-Graff, V. (2009). Triagem rápida de supressores de silenciamento de RNA usando um vírus recombinante derivado do vírus da veia amarela necrótica da beterraba. *Jornal de Virologia Geral*, *90*, 2536-2541.

Guo, H. S., & Ding, S. W. (2002). Uma proteína viral inibe a atividade de sinalização de longo alcance do sinal de silenciamento de genes. *The EMBO Journal*, *21*(3), 398-407.

Hacker, D.L., Petty, I.T., Wei, N., & Morris, T.J. (1992). Turnip crinkle virus genes required for RNA replication and virus movement. *Virologia*, *186*, 1-8.

Hagen, C., Rojas, M. R. & Gilbertson, L. R. (2008). Recovery from *Cucurbit leaf crumple virus* (Familiy *Geminiviridae*, Genus *Begomovirus*) infection is an adaptive antiviral response associated with changes in viral small RNAs. Phytopathology, 98, 1029-1037.

Hamasaki, M., Furuta, N., Matsuda, A., Nezu, A., Yamamoto, A., Fujita, N., ... Yoshimori, T. (2013). Os autofagossomas formam-se em locais de contacto ER-mitocôndria. *Natureza, 495,* 389-393.

Hamilton, A., Voinnet, O., Chappell, L., & Baulcombe, D. (2002). Duas classes de RNA de interferência curto no silenciamento de RNA. *The EMBO Journal*, *21*(17), 4671-4679.

Harries, P.A., Palanichelvam, K., Bhat, S., Nelson, R.S., 2008. A proteína 126-kDa do vírus do mosaico do tabaco aumenta a suscetibilidade de *Nicotian tabacum* a outros vírus e a sua dosagem afecta o silenciamento genético induzido pelo vírus. Mol. Plant Microbe Interact. 21, 1539-1548.

Harrison, B.D. (1974). Potato mop-top virus. Base de dados *CMI/AAB Description of Plant Viruses No.138* DPV.

Harrison, B.D., & Jones, R.A.C. (1970). Gama de hospedeiros e algumas propriedades do potato mop-top virus. *Annals of Applied Biology*, *65*(3), 393-402.

Harrison, J.G., Searle, R.J., & Williams, N.A. (1997). Powdery scab disease of potato - A review. *Plant Pathology*, *46*(1), 1-25.

Hartley, J. L., Temple, G. F. & Brasch, M. A. (2000). Clonagem de DNA usando recombinação específica do local *in vitro*. *Genome Research*, *10*(11), 1788-1795.

Hausmann, L., & Topfer, R. (1999). Entwicklung von Plasmid-Vektoren. *Vortr Pflanzenzucht,* 45, 155-172 (em alemão).

Havelda, Z., Varallyay, E., Valoczi, A., & Burgyan, J. (2008). A infeção por vírus de plantas induziu uma regulação negativa persistente do gene do hospedeiro em folhas infectadas sistemicamente. *The Plant Journal*, *55*(2), 278-288.

Hayes, R. J., & Buck, K. W. (1990). Infectious cucumber mosaic virus RNA transcribed *in vitro* from clones obtained from cDNA amplified using the polymerase chain reaction. *Journal of General Virology*, *71*(11), 2503-2508.

He, C., & Klionsky, D. J. (2009). Mecanismos de regulação e vias de sinalização da autofagia. *Revisão Anual de Genética*, *43*, 67.

Heath, M. C. (2000). Resistência não hospedeira e defesas não específicas das plantas. *Current Opinion in Plant Biology*, *3*(4), 315-319.

Hemmes, H., Lakatos, L., Goldbach, R., Burgyan, J., & Prins, M. (2007). A proteína NS3 do tenuivírus Rice hoja blanca suprime o silenciamento de RNA em plantas e insectos hospedeiros ligando eficientemente tanto siRNAs como miRNAs. *Rna*, *13*(7), 1079-1089.

Hims, M.J., & Preece, T.F. (1975). *Spongospora subterranea* f.sp. *subterranea*. *CMI Descriptions of Fungi and Bacteria*, no. 477.

Hisa, Y., Suzuki, H., Atsumi, G., Choi, S.H., Nakahara, K.S., & Uyeda, I. (2014). P3N-PIPO do *vírus da veia amarela do trevo* exacerba os sintomas em ervilhas infectadas com o *vírus do mosaico do trevo branco* e está implicado no sinergismo viral. *Virologia*, *449*, 200-206.

Hofius, D., Schultz-Larsen, T., Joensen, J., Tsitsigiannis, D. I., Petersen, N. H., Mattsson, O., ... Petersen, M. (2009). Os componentes autofágicos contribuem para a morte celular hipersensível em Arabidopsis. *Cell*, *137*(4), 773-783.

Hull, R. (2002). Matthews' Plant Virology, 4ª ed., Nova Iorque, Academic Press.

Hull, R. (2014). *Matthews 'Plant Virology* (5th ed). Academic Press, EUA.

Hunter, L. J., Westwood, J. H., Heath, G., Macaulay, K., Smith, A. G., MacFarlane, S. A., ... Carr, J. P. (2013). Regulação da expressão do gene da RNA polimerase 1 dependente de RNA e isocorismato sintase em Arabidopsis. *PLoS One*, *8*(6), e66530.

Imoto, M., Tocihara, H., Iwaki, M., & Nakamura, H. (1981). Ocorrência do potato mop-top virus no Japão. *Annals of the Phytopathological Society of Japan*, 47, 409 (em japonês).

Inaba, J., Kim, B.M, Shimura, H., & Masuta C. (2011). A necrose induzida por vírus é uma consequência da interação direta proteína-proteína entre um supressor de silenciamento de RNA viral e uma catalase hospedeira. *Plant Physiology*, *156*, 2026-2036.

Inoue, Y., Suzuki, T., Hattori, M., Yoshimoto, K., Ohsumi, Y., & Moriyasu, Y. (2006). Os genes ATG, homólogos de genes de autofagia de levedura, estão envolvidos na autofagia constitutiva em células da ponta da raiz de Arabidopsis. *Plant and Cell Physiology*, *47*(12), 1641-1652.

Ishihara, T., Sekine, K. T., Hase, S., Kanayama, Y., Seo, S., Ohashi, Y., ... Takahashi, H. (2008). A sobreexpressão do gene EDS5 de Arabidopsis thaliana aumenta a resistência a vírus. *Biologia Vegetal*, *10*(4), 451-461.

Ji, L. H., & Ding, S. W. (2001). O supressor do silenciamento do RNA do transgene codificado pelo *vírus do mosaico do pepino* interfere na resistência ao vírus mediada pelo ácido salicílico. *Molecular Plant-Microbe Interactions*, *14*(6), 715-724.

Johansen, I. E., Dougherty, W. G., Keller, K. E., Wang, D., & Hampton, R. O. (1996). Multiple viral determinants affect seed transmission of *Pea seedborne mosaic virus* in *Pisum sativum*. *Journal of General Virology*, *77*, 3149-3154.

Johansen, L. K., & Carrington, J. C. (2001). Silenciamento no local. Indução e supressão de silenciamento de RNA no sistema de expressão transiente mediado por Agrobacterium. *Plant physiology*, *126*(3), 930-938.

Jones, D. T., Taylor, W. R., & Thornton, J. M. (1992). A geração rápida de matrizes de dados de mutação a partir de sequências de proteínas. *Aplicações informáticas nas biociências: CABIOS*, *8*(3), 275282.

Jones, J. D., & Dangl, J. L. (2006). O sistema imunitário das plantas. *Nature*, *444*(7117), 323-329.

Jones, R.A.C., & Harrison, B.D. (1969). The behaviour of potato mop-top virus in soil, and evidence for its transmission by *Spongospora subterranean* (Wallr.) Lagerh. *Annals of Applied Biology*, *63*(1), 1-17.

Jones, R.A.C., & Harrison, B.D. (1972). Estudos ecológicos sobre o potato mop-top virus na Escócia. *Annals of Applied Biology*, *71*(1), 47-57.

Jovel, J., Walker, M. & Sanfacon, H. (2007). A recuperação de plantas de *Nicotiana benthamiana* de uma resposta necrótica induzida por um nepovírus está associada ao silenciamento de RNA, mas não à redução do título do vírus. Journal of Virology, 81, 2285-12297.

Jovel, J., Walker, M., & Sanfacon, H. (2011). A restrição dependente de ácido salicílico da propagação do *Tomato ringspot virus* no tabaco é acompanhada por uma resposta hipersensível, silenciamento local de RNA e resistência sistémica moderada. *Molecular Plant-Microbe Interaction, 24, 706* 718.

Kabbage, M., Williams, B., & Dickman, M. B. (2013). Controle da morte celular: a interação da apoptose e autofagia na patogenicidade de Sclerotinia sclerotiorum. *PLoS Pathogens*, *9*(4), e1003287.

Kashiwazaki, S., Scott, K.P., Reavy, B., & Harrison, B.D. (1995). Sequence analysis and gene content of Potato mop-top virus RNA 3: Further evidence of heterogeneity in the genome organization of furoviruses. *Virology*, *206*(1), 701-706.

Kasschau, K. D., Xie, Z., Allen, E., Llave, C., Chapman, E. J., Krizan, K. A., & Carrington, J. C. (2003). P1/HC-Pro, um supressor viral de silenciamento de RNA, interfere no desenvolvimento de Arabidopsis e na função de miRNA. *Developmental Cell*, *4*(2), 205-217.

Kasschau, K.D., & Carrington, J.C. (1998). A counter defensive strategy of plant viruses: suppression of posttranscriptional gene silencing. *Cell*, 95, 461-70.

Kasschau, K.D., Carrington, J.C., 1998. A counter-defensive strategy of plant viruses: suppression of post-transcriptional gene silencing. Cell 95, 461-470.

Katsiarimpa, A., Kalinowska, K., Anzenberger, F., Weis, C., Ostertag, M., Tsutsumi, C., ... Isono, E. (2013). A enzima deubiquitinante AMSH1 e a subunidade ESCRT-III VPS2. 1 são necessárias para a degradação autofágica em Arabidopsis. *The Plant Cell*, *25*(6), 2236-2252.

Keen, N. T. (1990). Gene-for-gene complementarity in plant- pathogen interactions. *Annual Review Genetic*, *24*, 447-463.

Kim, K. I., Sunter, G., Bisaro, D. M., & Chung, I. S. (2007). Expressão melhorada de GFP recombinante usando um vetor de replicação baseado no Beet curly top virus em discos de folhas e folhas infiltradas de Nicotiana benthamiana. *Biologia Molecular Vegetal*, *64*(1-2), 103-112.

King, A.M.Q., Adams, M.J., Carstens, E.B., & Lefkowitz, E.J. (2012). Taxonomia dos vírus: Nono relatório do comité internacional de taxonomia de vírus, Elsevier academic press, Amesterdão. 1327 pp.

Kirk, H.G. (2008). Mop-top virus, relação com o seu vetor. *American Journal of Potato Research*, *85*(4), 261-265.

Klein, E., Brault, V., Klein, D., Weyens, G., Lefebvre, M., Ziegler-Graff, V., & Gilmer, D. (2014). Divergência da gama de hospedeiros e propriedades biológicas entre o isolado natural e o clone de cDNA infecioso completo do *Beet mild yellowing virus* 2ITB. *Molecular Plant Pathology*, *15* (1), 22-30.

Knippenberg, I.V., Goldbach, R., & Kormelink, R. (2004). A transcrição *in vitro* do *Tomato spotted wilt virus* é independente da tradução. *Journal of General Virology*, *85*, 1335-1338.

Kooter, J. M., Matzke, M. A., & Meyer, P. (1999). Listening to the silent genes: transgene silencing, gene regulation and pathogen control. *Trends in Plant Science*, *4*(9), 340-347.

Kozlowska-Makulska, A., Guilley, H., Szyndel, M.S., Beuve, M., Lemaire, O., Herrbach, E., & Bouzoubaa, S. (2010). As proteínas P0 dos polerovírus europeus que infectam a beterraba apresentam uma atividade variável de supressão do silenciamento do ARN. *Jornal de Virologia Geral*, *91*, 1082-1091.

Kubota, K., Tsuda, S., Tamai, A. & Meshi, T. Tomato mosaic virus replication protein suppresses virus-targeted posttranscriptional gene silencing. J. Virol. 77, 11016-11026 (2003).

Kurppa, A. H. J. (1989). Reação de cultivares de batata à infeção primária e secundária pelo potato mop-top furovirus e estratégias para a deteção do vírus1. *Boletim da OEPP*, *19*(3), 593-598.

Laird, J., Mclnally, C., Carr, C., Doddiah, S., Yates, G., Chrysanthou, E., ... Smith, B. O. (2013). Identificação dos domínios da proteína P6 do vírus do mosaico da couve-flor responsável pela supressão do silenciamento do RNA e da sinalização do ácido salicílico. *Jornal de Virologia Geral*, *94*(12), 2777-2789.

Lakatos, L., Csorba, T., Pantaleo, V., Chapman, E. J., Carrington, J. C., Liu, Y. P., ... Burgyan, J. (2006). A ligação de pequenos RNAs é uma estratégia comum para suprimir o silenciamento de RNA por vários supressores virais. *The EMBO Journal*, *25*(12), 2768-2780.

Lakatos, L., Szittya, G., Silhavy, D., & Burgyan, J. (2004). Mecanismo molecular de supressão de silenciamento de RNA mediado pela proteína p19 de tombusvírus. *The EMBO Journal*, *23*(4), 876-884.

Lambert, D.H., Levy, L., Mavrodieva, V.A., Johnson, S.B., Babcock, M.J., & Vayda, M.E. (2003). Primeiro relatório do *Potato mop-top virus* em batata dos Estados Unidos. *Plant Disease*, *87*(7), 872.

Latvala-Kilby, S., Aura, J. M., Pupola, N., Hannukkala, A., & Valkonen, J. P. (2009). Deteção do Potato mop-top virus em tubérculos e rebentos de batata: combinações de variantes de RNA2 e RNA3 e incidência de infecções sem sintomas. *Phytopathology*, *99*(5), 519-531.

Lecellier, C. H., Dunoyer, P., Arar, K., Lehmann-Che, J., Eyquem, S., Himber, C., ... Voinnet, O. (2005). Um microRNA celular medeia a defesa antiviral em células humanas. *Science*, *308*(5721), 557-560.

Lee, W.S., Fu, S.F., Verchot-Lubicz, J., & Carr, J.P. (2011) A modificação genética da respiração alternativa em *Nicotiana benthamiana* afecta a resistência basal e induzida pelo ácido salicílico ao vírus da batata X. *BMC Plant Biology*, *11*, 41.

Levine, B., Mizushima, N., & Virgin, H. W. (2011). Autofagia na imunidade e inflamação. *Nature*, *469*(7330), 323-335.

Lewsey, M. G., Murphy, A. M., MacLean, D., Dalchau, N., Westwood, J. H., Macaulay, K., ... Smith, A. G. (2010). Interrupção de duas vias de sinalização defensiva por um supressor de silenciamento de RNA viral. *Molecular Plant-Microbe Interactions*, *23*(7), 835-845.

Lewsey, M.G., & Carr, J.P. (2009). Effects of DICER-like proteins 2, 3 and 4 on cucumber mosaic virus and tobacco mosaic virus infections in salicylic acid-treated plants. *Journal of General Virology, 90,* 3010-3014.

Li, H., Li, W. X. & Ding, S. W. Induction and suppression of RNA silencing by an animal virus. Science296, 1319-1321 (2002).

Li, H.-W., Lucy, A. P., Guo, H.-S., Li, W.-X., Ji, L.-H., Wong, S.-M., & Ding, S.-W. (1999). Forte resistência do hospedeiro dirigida contra um supressor viral do mecanismo de defesa de silenciamento do gene da planta. *EMBO Journal*, *18*, 2683-2691.

Li, W. X. et al. As proteínas antagonistas do interferão dos vírus da gripe e da vaccinia são supressores do silenciamento do ARN. Proc. Natl Acad. Sci. USA 101, 1350-1355 (2004).

Li, W. X., & Ding, S. W. (2001). Supressores virais de silenciamento de RNA. *Opinião Atual em Biotecnologia*, *12*(2), 150-154.

Li, W. X., Li, H., Lu, R., Li, F., Dus, M., Atkinson, P., ... Palese, P. (2004). As proteínas antagonistas do interferão dos vírus da gripe e da vaccinia são supressores do silenciamento do ARN. *Actas da Academia Nacional de Ciências dos Estados Unidos da América*, *101*(5), 1350-1355.

Li, W.Z., Qu, F., & Morris, T.J. (1998). Cell-to-cell movement of turnip crinkle virus is controlled by two small open reading frames that function in trans. *Virologia*, *244*, 405-416.

Lico, C.Q.C. & Santi, L. (2008). Vectores virais para a produção de proteínas recombinantes em plantas. *Journal of Cell Physiology*, *216*, 366-377.

Lindbo, J. A., Silva-Rosales, L., Proebsting, W. M., & Dougherty, W. G. (1993). Indução de um estado antiviral altamente específico em plantas transgénicas: implicações para a regulação da expressão genética e resistência a vírus. *The Plant Cell*, *5*(12), 1749-1759.

Liu, L., Chung, H. Y., Lacatus, G., Baliji, S., Ruan, J., & Sunter, G. (2014). Expressão alterada de genes de Arabidopsis em resposta a uma proteína multifuncional de patogenicidade de geminivírus. *BMC Plant Biology*, *14*(1), 302.

Liu, L., Grainger, J., Canizares, M. C., Angell, S. M. & Lomonossoff, G. P. Cowpea mosaic virus RNA-1 actua como um amplicon cujos efeitos podem ser contrariados por um supressor de silenciamento codificado por RNA-2. Virologia323, 37-48 (2004).

Liu, Y., Schiff, M., & Dinesh-Kumar, S.P. (2004). Envolvimento de MEK1 MAPKK, NTF6 MAPK, factores de transcrição WRKY/MYB, COI1 e CTR1 na resistência mediada por N ao vírus do mosaico do tabaco. *Plant Journal*, *38*, 800-809.

Liu, Y., Schiff M., Czymmek, K., Talloczy, Z., Levine, B., e Dinesh-Kumar, S. P. (2005). A autofagia regula a morte celular programada durante a resposta imune inata da planta. *Cell*, *121*(4), 567-577.

Livak, K.J., & Schmittgen, T.D. (2001) Análise de dados de expressão genética relativa utilizando PCR quantitativo em tempo real e o método 2^{-DDCT}. *Methods*, *25*, 402-408.

Llave, C., Kasschau, K. D., Retor, M. A., & Carrington, J. C. (2002). Pequenos RNAs endógenos e associados ao silenciamento em plantas. *The Plant Cell*, *14*(7), 1605-1619.

Loake, G., & Grant, M. (2007). Ácido salicílico na defesa das plantas - os actores e protagonistas. *Current Opinion Plant Biology*, *10*, 466-472.

Love, A. J., Geri, c., Laird, J., carr, c., Yun, B. W., Loake, G. J., ... Milner, J. J. (2012). a proteína P6 do vírus do mosaico da couve-flor inibe as respostas de sinalização ao ácido salicílico e regula a imunidade inata. *PLoS One*, *7*(10), e47535.

Love, A. J., Laird, J., Holt, J., Hamilton, A. J., Sadanandom, A., & Milner, J. J. (2007). A proteína P6 do vírus do mosaico da couve-flor é um supressor do silenciamento do RNA. *Journal of General Virology*, *88*(12), 3439-3444.

Lozano-Duran, R., Rosas-Diaz, T., Gusmaroli, G., Luna, A. P., Taconnat, L., Deng, X. W., &

Bejarano, E. R. (2011). Os geminivírus subvertem a ubiquitinação alterando a derubilação mediada por cSN dos complexos de ligase ScF E3 e inibem a sinalização de jasmonato em Arabidopsis thaliana. *The Plant Cell*, *23*(3), 1014-1032.

Lu, R. et al. Três supressores distintos de silenciamento de ARN codificados por um genoma viral de 20-kb. Proc. Natl Acad. Sci. USA 101, 15742-15747 (2004).

Lu, R., Folimonov, A., Shintaku, M., Li, W. X., Falk, B. W., Dawson, W. O., & Ding, S. W. (2004). Três supressores distintos de silenciamento de RNA codificados por um genoma de RNA viral de 20-kb. *Proceedings of the National Academy of Sciences of the United States of America*, *101*(44), 15742-15747.

Lu, S. & cullen, B. R. O RNA não codificante VA1 do adenovírus pode inibir a biogénese de pequenos RNAs interferentes e microRNAs. J. Virol. 78, 1957-1966 (2005).

Lucas, W. J. (1995). Plasmodesmata: canais intercelulares para o transporte macromolecular em plantas. *Current Opinion in Cell Biology*, *7*(5), 673-680.

Lucy, A. P., Guo, H. S., Li, W. X., & Ding, S. W. (2000). Supressão do silenciamento de genes pós-transcricionais por uma proteína viral de planta localizada no núcleo. *The EMBO Journal*, *19*(7), 16721680.

Lukhovitskaya, N. I., Thaduri, S., Garushyants, S. K., Torrance, L., & Savenkov, E. I. (2013). Decifrar o mecanismo de biogênese do RNA de interferência defeituoso (DI RNA) revela que uma proteína viral e o DI RNA atuam de forma antagônica na infeção pelo vírus. *Journal of Virology*, *87*(11), 6091-6103.

Lukhovitskaya, N. I., Yelina, N. E., Zamyatnin Jr, A. A., Schepetilnikov, M. V., Solovyev, A. G., Sandgren, M., ... Savenkov, E. I. (2005). Expressão, localização e efeitos na virulência da proteína 8 kDa rica em cisteína do *Potato mop-top virus*. *Journal of General Virology*, *86*(10), 2879-2889.

Lunello, P., Tourino, A., Nunez, Y., Ponz, F. & Sanchez, F. (2009). Heterogeneidade genómica e recuperação do hospedeiro de isolados do Malva vein clearing virus. Virus Research, 140, 91-97.

Malapi-Nelson, M., Wen, R. H., Ownley, B. H., & Hajimorad, M. R. (2009). A co-infeção da soja com o *vírus do mosaico da soja* e *o vírus do mosaico da alfafa* resulta no sinergismo da doença e na alteração do nível de acumulação de ambos os vírus. *Doenças das Plantas, 93,* 1259-1264.

Mallory, A. C., Ely, L., Smith, T. H., Marathe, R., Anandalakshmi, R., Fagard, M., ... Vance, V. B. (2001). A supressão de HC-Pro do silenciamento do transgene elimina os pequenos RNAs, mas não a metilação do transgene ou o sinal móvel. *The Plant Cell*, *13*(3), 571-583.

Mandadi, K.K., & Scholthof, K.B. (2012). A caraterização de um sinergismo viral na monocotiledônea Brachypodium distachyon revela processos moleculares do hospedeiro distintamente alterados associados à doença. *Plant Physiology*, *160*, 1432-1452.

Maoka, T., Nakayama, T., Tanaka, F., Shimizu, M., Yasuoka, S., Misawa, T., Yamana, T., Noguchi, K., Hataya, T., Mori, M., & Hosaka, K. *In The assumption on the spread of Potato mop-top virus in Japan based on field survey* (pp. 171-184). Actas do Oitavo Simpósio do Grupo de Trabalho Internacional sobre Vírus de Plantas com Vectores Fúngicos, Louvain-La Neuve, Bélgica.

Martin, S., & Elena, S. F. (2009). Aplicação da teoria dos jogos à interação entre vírus de plantas durante infecções mistas. *Jornal de Virologia Geral*, 90, 2815-2820.

Martm-Hernandez, A. M., & Baulcombe, D. C. (2008). A proteína de 16 quilodalton do Tobacco rattle virus codifica um supressor de silenciamento de RNA que permite a entrada viral transitória em meristemas. *Journal of virology*, *82*(8), 4064-4071.

Masuta, C., Inaba, J., & Shimura, H. (2012). As proteínas 2b do vírus do mosaico do pepino geralmente têm o potencial de induzir diferencialmente a necrose em Arabidopsis. *Comportamento do sinal de planta*, *7*, 43-45.

Matzke, M., Matzke, A. J., & Kooter, J. M. (2001). RNA: guiando o silenciamento de genes. *Science*,

293(5532), 1080-1083.

Maule, A. J., Caranta, C., & Boulton, M. I. (2007). Fontes de resistência natural a vírus de plantas: estado e perspectivas. *Molecular Plant Pathology*, *8*(2), 223-231.

Mayers, C.N., Lee, K.C., Moore, C.A., Wong, S.M., & Carr, J.P. (2005). Resistência induzida pelo ácido salicílico ao vírus do mosaico do pepino em abóbora e Arabidopsis thaliana: mecanismos contrastantes de indução e ação antiviral. *Molecular Plant-Microbe Interaction*, *18*, 428434.

Mayo, M. A., Torrance, L., Cowan, G., Jolly, C. A., Macintosh, S. M., Orrega, R., ... Salazar, L. F. (1996). Conservação da sequência da proteína do revestimento entre isolados do potato mop-top virus da Escócia e do Peru. *Archives of Virology*, *141*(6), 1115-1121.

Mëra^ Z., Kerenyi, Z., Keıtesz, S., Magna, M., Lakatos, L., & Silhavy, D. (2006). A ligação de RNA de fita dupla pode ser uma estratégia viral de RNA de planta geral para suprimir o silenciamento de RNA. *Journal of Virology*, *80*(12), 5747-5756.

Merits, A., Rajamaki, M. L., Lindholm, P., Runeberg-Roos, P., Kekarainen, T., Puustinen, P., ... Saarma, M. (2002). Processamento proteolítico de proteínas potyvirais e intermediários de processamento de poliproteínas em células de insectos e plantas. *Journal of General Virology*, *83*(5), 1211-1221.

Merz, U. (2008). Sarna pulverulenta da batata - ocorrência, ciclo de vida e epidemiologia. *American Journal of Potato Research*, *85*(4), 241-246.

Meshi, T., Ishikawa, M., Motoyoshi, F., Semba, K., & Okada, Y. (1986). Transcrição *in vitro* de RNAs infecciosos a partir de cDNAs completos do vírus do mosaico do tabaco. *Proceedings of the National Academy of Sciences*, *83*(14), 5043-5047.

Miozzi, L., Napoli, C., Sardo, L., & Accotto, G. P. (2014). A transcriptômica da interação entre o geminivírus monopartido limitado por floema, o vírus Sardenha do enrolamento amarelo da folha do tomate e Solanum lycopersicum destaca um papel para os hormônios vegetais, autofagia e ajuste fino do sistema imunológico da planta durante a infeção. *PloS One*, *9*(2), e89951.

Moissiard, G., & Voinnet, O. (2004). Supressão viral do silenciamento de RNA em plantas. *Molecular plant pathology*, *5*(1), 71-82.

Molgaard, J.P., & Nielsen, S.L. (1996). Influência dos tratamentos de temperatura pós-colheita, do período de armazenamento e da data de colheita no desenvolvimento de espraiamento causado pelo tobacco rattle virus e potato mop-top virus. *Potato Research*, *39*(4), 571-579.

Montero-Astua, M., Vasquez, V., Turechek, W. W., Merz, U., & Rivera, C. (2008). Incidência, distribuição e associação de Spongospora subterranea e Potato mop-top virus na Costa Rica. *Plant Disease*, *92*(8), 1171-1176.

Moore, C. J., Sutherland, P. W., Forster, R. L. S., Gardner, R. C. & MacDiarmid, R. M.(2001). As ilhas verdes escuras na infeção por vírus de plantas são o resultado do silenciamento de genes pós-transcricionais. Molecular Plant-Microbe Interaction, 14, 939-946.

Murphy, A. M., & Carr, J. P. (2002). O ácido salicílico tem efeitos específicos da célula na replicação do vírus do mosaico do tabaco e no movimento célula a célula. *Plant Physiology*, *128*(2), 552-563.

Murphy, G., & Kavanagh, T. (1988). Aceleração da sequenciação de ADN de cadeia dupla. *Nucleic Acids Research*, *16*(11), 5198.

Murphy, J. F., Rhoads, R. E., Hunt, A. G., & Shaw, J. G. (1990). A VPg do RNA do vírus do cancro do tabaco é a proteinase de 49-kDa ou a parte N-terminal de 24-kDa da proteinase. *Virologia*, *178*(1), 285-288.

Murray, G.G.R., Kosakovsky Pond S.L., & Obbard, D.J. (2013). Supressores de RNAi de vírus de plantas estão sujeitos a seleção positiva episódica. *Proceedings of the Royal Society*, *280*, 20130965.

Musiychuk, K., Stephenson, N., Bi, H., Farrance, C. E., Orozovic, G., Brodelius, M., ... Mett, V.

(2007). Um vetor de lançamento para a produção de antigénios de vacinas em plantas. *Influenza e outros vírus respiratórios*, *1*(1), 19-25.

Nakagawa, T., Kurose, T., Hino, T., Tanaka, K., Kawamukai, M., Niwa, Y., & Kimura, T. (2007). Desenvolvimento de uma série de vectores binários de porta de entrada, pGWBs, para a realização de uma construção eficiente de genes de fusão para a transformação de plantas. *Journal of Bioscience and Bioengineering*, *104* (1), 34-41.

Nakahara, K.S., Masuta, C., Yamada, S., Shimura, H., Kashihara, Y., Wada, T.S., ... Uyeda, I. (2012). A proteína semelhante à calmodulina do tabaco fornece defesa secundária, ligando-se e direcionando a degradação dos supressores de silenciamento de RNA do vírus. *Actas da Academia Nacional de Ciências dos Estados Unidos*, *109*, 10113-10118.

Nielsen, S.L., & M0lgaard, J.P. (1997). Incidência, aparecimento e desenvolvimento de espraiamento induzido pelo furovírus da batata em cultivares de batata e influência no rendimento, distribuição na Dinamarca e deteção do vírus nos tubérculos por ELISA. *Potato Research*, *40*(1), 101-110.

Nielsen, S.L., & Nicolaisen, M. (2003). Identificação de dois subgrupos de sequência nucleotídica no *Potato mop-top virus*. *Archives of Virology*, *148*(2), 381-388.

Nobuta, K., Okrent, R. A., Stoutemyer, M., Rodibaugh, N., Kempema, L., Wildermuth, M. C., & Innes, R. W. (2007). O membro da família GH3 acil adenilase PBS3 regula as respostas de defesa dependentes do ácido salicílico em Arabidopsis. *Plant Physiology*, *144*, 1144-1156.

Novak, J.B., Rasocha, V., & Lanzova, J. (1983). Demonstração do vírus do mop-top da batata na República Socialista da Checoslováquia. *Sbornik UVTIZ Ochrana Rostlin*, *19*, 161-167.

Obbard, D. J., Jiggins, F. M., Halligan, D. L., & Little, T. J. (2006). A seleção natural conduz a uma evolução extremamente rápida dos genes RNAi antivirais. *Current Biology, 16,* 580-585.

Oka, K., Kobayashi, M., Mitsuhara, I., & Seo, S. (2013). O ácido jasmônico regula negativamente a resistência ao vírus do mosaico do tabaco no tabaco. *Fisiologia Celular Vegetal*, *54*, 1999-2010.

Oostendorp, M., Kunz, W., Dietrich, B., & Staub, T. (2001). Indução de resistência a doenças em plantas por produtos químicos. *European Journal of Plant Pathology*, *107*(1), 19-28.

Osorio-Giraldo, I., Gutierrez-Sanchez, P., & Marin-Montoya, M. (2013). Variabilidade genética de isolados colombianos do *Potato mop-top virus* (PMTV). *Agronomia Mesoamericana*, *24*(1), 1-15.

Pacheco, R., Garca-Marcos, A., Manzano, A., de Lacoba, M. G., Camanes, G., Garcia-Agustin, P., ... Tenllado, F. (2012). Análise comparativa das respostas transcriptômicas e hormonais a interações planta-vírus compatíveis e incompatíveis que levam à morte celular. *Molecular PlantMicrobe Interactions*, *25*(5), 709-723.

Pazhouhandeh, M., Dieterle, M., Marrocco, K., Lechner, E., Berry, B., Brault, V., ... Ziegler-Graff, V. (2006). O domínio F-box-like na proteína P0 do polerovírus é necessário para a função supressora de silenciamento. *Actas da Academia Nacional das Ciências dos Estados Unidos da América*, *103*(6), 1994-1999.

Pfeffer, S. et al. P0 of beet Western yellows virus is a suppressor of posttranscriptional gene silencing. J. Virol. 13, 6815-6824 (2002).

Pfeffer, S., Dunoyer, P., Heim, F., Richards, K.E., Jonard, G., & Ziegler-Graff, V. (2002). P0 of beet Western yellows virus is a suppressor of posttranscriptional gene silencing. *Journal of Virology*, *76* (13), 6815-6824.

Pogue, G.P., Lindbo, J.A., Garger, S.J., & Fitzmaurice, W.P. (2002). Transformar um inimigo em aliado: a virologia vegetal e a nova agricultura. *Revisão Anual de Fitopatologia*, *40*, 45-74.

Powers, J.G., Tim, L., Sit, T.L., Qu, F., Morris, T.J., Kim, K.H., & Lommel, S.A. (2008). Um ensaio versátil para a identificação de supressores de silenciamento de RNA com base na complementação do movimento viral. *Molecular Plant Microbe Interaction*, *21*, 879-890.

Pruss, G. J., Lawrence, C. B., Bass, T., Li, Q. Q., Bowman, L. H., & Vance, V. (2004). O supressor potyviral de silenciamento de RNA confere maior resistência a múltiplos patógenos. *Virologia*,

320(1), 107-120.

Pruss, G., Ge, X., Shi, X. M., Carrington, J. C., & Vance, V. B. (1997). Sinergismo viral de plantas: o genoma potyviral codifica um intensificador de patogenicidade de amplo alcance que transativa a replicação de vírus heterólogos. *The Plant Cell*, *9*(6), 859-868.

Pruss, G., Ge, X., Shi, X.M., Carrington, J.C., Vance, V.B., 1997. Sinergismo viral das plantas: o genoma potyviral codifica um potenciador de patogenicidade de largo alcance que transactiva a replicação de vírus heterólogos. Plant Cell 9, 859-868.

Pumplin, N, & Voinnet, O. (2013). Supressão de silenciamento de RNA por patógenos de plantas: defesa, contra-defesa e contra-contra-defesa. *Nature Reviews Microbiology,* 11, 745-760.

Pumplin, N., & Voinnet, O. (2013). Supressão de silenciamento de RNA por patógenos de plantas: defesa, contra-defesa e contra-contra-defesa. *Nature Reviews Microbiology*, *11*, 745-760.

Puurand, U., Makinen, K., Paulin, L., & Saarma, M. (1994). A sequência de nucleótidos do ARN genómico do vírus da batata A e as suas semelhanças com outros potyvírus. *Journal of General Virology*, *75*(2), 457-461.

Qu, F., & Morris, T. J. (2005). Supressores de silenciamento de RNA codificados por vírus de plantas e seu papel em infecções virais. *FEBS Letters*, *579*(26), 5958-5964.

Qu, F., & Morris, T.J. (2008). Carmovírus. Em Mahy, B. W. J., van Regenmortel, M. H. V. (Eds.), *Encyclopedia of virology* (pp. 453-457). Academic Press, Oxford, Inglaterra.

Qu, F., Ren, T., & Morris, T.J. (2003). A proteína do revestimento do vírus do enrugamento do nabo suprime o silenciamento do gene pós-transcricional numa etapa inicial. *Journal of Virology*, *77*, 511-522.

Raja, P., Sanville, C. B., Buchman, C. R. & Bisaro D. (2008). A metilação do genoma viral como uma defesa epigénica contra os geminivírus. Journal of Virology, 82, 8997-9007.

Rajamaki, M.L., Maki-Valkama, T., Makinen, K., & Valkonen, J.P.T. (2004). Infeção por potyvírus. Em Talbot, N. (Ed), *Plant-Pathogen Interactions* (pp. 68-91). Blackwell Publishing, Oxford.

Reavy, B., Arif, M., Cowan, G.H., & Torrance, L. (1998). Associação de sequências na proteína do revestimento/domínio de leitura do potato mop-top virus com a transmissão por *Spongospora subterranea*. *Journal of General Virology*, *79*(10), 2343-2347.

Reed, J. C. et al. Supressor de silenciamento de ARN codificado pelo Beet yellows virus. Virologia306, 203-209 (2003).

Reed, J. C., Kasschau, K. D., Prokhnevsky, A. I., Gopinath, K., Pogue, G. P., Carrington, J. C., & Dolja, V. V. (2003). Supressor de silenciamento de RNA codificado pelo vírus Beet yellows. *Virologia*, *306*(2), 203-209.

Robert, Y., Woodford, J. T., & Ducray-Bourdin, D. G. (2000). Some epidemiological approaches to the control of aphid-borne virus diseases in seed potato crops in northern Europe. *Virus Research*, *71*(1), 33-47.

Ronde, D., Butterbach, P., Lohuis, D., Hedil, M., van Lent, JW., & Kormelink, R. (2013). A resistência baseada no gene *Tsw* é desencadeada por uma proteína supressora de silenciamento de RNA funcional do *vírus da murcha manchada do tomate*. *Patologia Molecular das Plantas*, *14*, 405-415.

Rozas, J., Sanchez-Delbarrio, J. C., Messeguer, X., & Rozas, R. (2003). DnaSP, DNA Polymorphism Analyses by the Coalescent and Other Methods. *Bioinformatics*, *19*, 2496-2497.

Ruiz, M.T., Voinnet, O., & Baulcombe, D.C. (1998). Iniciação e manutenção do silenciamento de genes induzido por vírus. *Plant Cell*, *10*(6), 937-946.

Ryu, C.M., Murphy, J.F., Mysore, K.S., & Kloepper, J.W. (2004). As rizobactérias promotoras do crescimento das plantas protegem sistematicamente a Arabidopsis thaliana contra o vírus do mosaico do pepino através de uma via de sinalização dependente do ácido salicílico e do NPR1 e do ácido jasmónico. *Plant Journal*, *39*, 381-392.

Sambrook, J., & Russel, D.W. (2001). Molecular cloning: A laboratory Manual. 3rd edn,, cold spring harbor laboratory press, cold spring harbor, NY.

Sanchez-Navarro, J. A., Herranz, M. C., & Pallas, V. (2006). O movimento célula a célula do *vírus do mosaico da alfafa* pode ser mediado pelas proteínas de movimento de Ilar -, Bromo -, Cucumo -, Tobamo - e Comovirus e não requer a formação de viriões. *Virologia*, 346, 66-73.

Sandgren, M. (1995). Potato mop-top virus (PMTV): Distribuição na Suécia, desenvolvimento de sintomas durante o armazenamento e ensaios de cultivares no campo e em estufa. *Potato Research*, *38*(4), 387-397.

Sandgren, M., Plaisted, R. L., Watanabe, K. N., Olsson, S., & Valkonen, J. P. (2002). Avaliação de algumas linhas de melhoramento de batata da América do Norte e do Sul para resistência ao topotato mop-top virus na Suécia. *American Journal of Potato Research*, *79*(3), 205-210.

Sandgren, M., Savenkov, E.I., & Valkonen, J.P.T. (2001). A região de leitura do ARN codificador da proteína do revestimento do *Potato mop- top virus* (PMTV), o segundo maior ARN do genoma do PMTV, sofre alterações estruturais em plantas naturalmente infectadas e inoculadas experimentalmente. *Archives of Virology* 146(3), 467-477.

Sansregret, R., Dufour, V., Langlois, M., Daayf, F., Dunoyer, P., Voinnet, O., & Bouarab, K. (2013). Resistência extrema como uma defesa de contra-contra-ataque do hospedeiro contra a supressão viral do silenciamento de RNA. *PLoS Pathogens*, *9*(6), e1003435.

Savenkov, E. I. (2002). Género Pomovirus. Em The Springer Index of Viruses, pp. 1297-1301. Editado por C. A. Tidona & G. Darai. Heidelberg, Alemanha: Springer.

Savenkov, E. I., Germundsson, A., Zamyatnin, A. A., Jr, Sandgren, M., & Valkonen, J. P. T. (2003). *Potato mop-top virus*: o ARN codificador da proteína do revestimento e o gene da proteína rica em cisteína são dispensáveis para o movimento sistémico do vírus em Nicotiana benthamiana. *Journal of General Virology*, *84*, 1001-1005.

Savenkov, E.I., & Valkonen, J.P. (2001). Potyviral helper-component proteinase expressed in transgenic plants enhances titers of Potato leaf roll virus but does not alleviate its phloem limitation. *Virologia*, *283* (2), 285-293.

Savenkov, E.I., Sandgren, M., & Valkonen, J.P.T. (1999). Sequência completa do RNA 1 e presença de estruturas semelhantes ao tRNA em todos os RNAs do *Potato mop-top virus*, género *Pomovirus*. *Journal of General Virology*, *80*(10), 2779-2784.

Schenk, P.M., Kazan, K., Wilson, I., Anderson, J.P., Richmond, T., Somerville, S.C., & Manners J.M. (2000). Respostas coordenadas de defesa de plantas em Arabidopsis reveladas por análise de microarray. *Proceedings of the National Academy of Sciences USA*, *97*, 11655-11660.

Schwarzel, R. (2002). Sensibilite; des raciness et tubercules des variëtës de pommes de terre a la gale poudreuse et qualques resultats de lutte chimique. *Revue Suisse d Agriculture*, *34*(4), 261266.

Scott, K.P., Kashiwazaki, S., Reavy, B., & Harrison, B.D. (1994). The nucleotide sequence of potato mop-top virus RNA 2: a novel type of genome organization for a furovirus. *Journal of General Virology* 75(12), 3561- 3568.

Sereme, D., Lacombe, S., Konate, M., Bangratz, M., Pinel-Galzi, A., Fargette, D., ... Brugidou, C. (2014). Locais sob seleção positiva modulam a atividade supressora de silenciamento de RNA da proteína P1 do movimento do vírus da mancha amarela do arroz. *Jornal de Virologia Geral*, *95*(1), 213-218.

Shams-Bakhsh, M., Canto, T., & Palukaitis, P. (2007). Aumento da resistência e neutralização das respostas de defesa por supressores de silenciamento de RNA. *Virus Research*, *130*, 103-109.

Shiboleth, Y. M., Haronsky, E., Leibman, D., Arazi, T., Wassenegger, M., Whitham, S. A., ... GalOn, A. (2007). A caixa FRNK conservada em HC-Pro, um supressor viral de silenciamento de genes de plantas, é necessária para a ligação de pequenos RNAs e medeia o desenvolvimento de sintomas. *Journal of Virology*, *81*(23), 13135-13148.

Shin, J. H., Yoshimoto, K., Ohsumi, Y., Jeon, J. S., & An, G. (2009). OsATG10b, um componente do autofagossoma, é necessário para a sobrevivência celular contra o stress oxidativo no arroz. *Molecules and Cells*, *27*(1), 67-74.

Shivprasad, S., Pogue, G. P., Lewandowski, D. J., Hidalgo, J., Donson, J., Grill, L. K., & Dawson, W. O. (1999). As sequências heterólogas afectam grandemente a expressão de genes estranhos em vectores baseados no vírus do mosaico do tabaco. *Virologia*, *255*, 312-323.

Shoji-Kawata, S., & Levine, B. (2009). Autofagia, imunidade antiviral e contramedidas virais. *Biochimica* et *Biophysica Ata* 1793, 1478-1484.

Shukla, D. D., Ward, C. W., & Brunt, A. A. (1994). *The Potyviridae*. Cab International.

Silhavy, D., & Burgyan, J. (2004). Effects and side-effects of viral RNA silencing suppressors on short RNAs. *Trends in Plant Science*, *9*(2), 76-83.

Silhavy, D., Molnar, A., Lucioli, A., Szittya, G., Hornyik, C., Tavazza, M., & Burgyan, J. (2002). A viral protein suppresses RNA silencing and binds silencing-generated, 21 to 25-nucleotide double-stranded RNAs. *The EMBO Journal*, *21*(12), 3070-3080.

Singh, A.K., Fu, D.Q., El-Habbak, M., Navarre, D., Ghabrial, S., & Kachroo, A. (2011). Os genes de silenciamento que codificam a desaturase de ácidos gordos ómega 3 alteram o tamanho das sementes e a acumulação do *Bean pod mottle virus* na soja. *Molecular Plant -Microbe Interaction*, *24*, 506-515.

Slavikova, S., Shy, G., Yao, Y., Glozman, R., Levanony, H., Pietrokovski, S., ... Galili, G. (2005). A família de genes Atg8 associada à autofagia funciona tanto em condições de crescimento favoráveis como sob stress de fome em plantas de Arabidopsis. *Journal of Experimental Botany*, *56*(421), 2839-2849.

Strawn, M.A., Marr, S.K., Inoue, K., Inada, N., Zubieta, C., & Wildermuth, M.C. (2007). Arabidopsis isochorismate synthase functional in pathogen-induced salicylate biosynthesis exhibits properties consistent with a role in diverse stress responses. *Journal of Biological Chemistry 282*, 5919 5933.

Tabara, H., Yigit, E., Siomi, H., & Mello, C. C. (2002). A proteína de ligação a dsRNA RDE-4 interage com RDE-1, DCR-1 e uma helicase DExH-box para dirigir RNAi em C. elegans. *Cell*, *109*(7), 861-871.

Tahmasebi, A. A., & Afsharifar, A. (2017). O análogo da tampa e o supressor de silenciamento do vírus da batata A HC-Pro melhoram a expressão transiente de GFP usando um vetor de vírus infecioso em *Nicotiana benthamiana. Comunicações de Pesquisa em Biologia Molecular*, 6, 45-56.

Tahmasebi, A. A., Afsharifar, A., Izadpanah, K., & Rabiee, S. (2017). Expressão alterada de genes relacionados à autofagia em plantas *de Nicotiana benthamiana* em resposta ao supressor de silenciamento do vírus da batata A HC-Pro, *revista iraniana de patologia vegetal*, 53, 63-74.

Takahashi, H., Kanayama, Y., Zheng, M. S., Kusano, T., Hase, S., Ikegami, M., & Shah, J. (2004). Interacções antagónicas entre as vias de sinalização SA e JA em Arabidopsis modulam a expressão de genes de defesa e a resistência gene a gene ao vírus do mosaico do pepino. *Plant and Cell Physiology*, *45*(6), 803-809.

Takeshita, M., Koizumi, E., Noguchi, M., Sueda, K., Shimura, H., et al., 2012. Dinâmica da infeção na propagação viral e interferência sob o sinergismo entre o vírus do mosaico do pepino e o vírus do mosaico do nabo. Mol. Plant Microbe Interact. 25, 18-27.

Thaler, J.S., Owen, B., & Higgins, V.J. (2004). O papel da resposta do jasmonato na suscetibilidade das plantas a diversos agentes patogénicos com uma variedade de estilos de vida. *Plant Physiology*, *135*, 530-538.

Thomas, C. L., Leh, V., Lederer, C. & Maule, A. J. Turnip crinkle virus coat protein mediates suppression of RNA silencing in Nicotiana benthamiana. Virology306, 33-41 (2003).

Ton, J., Flors, V., & Mauch-Mani, B. (2009). O papel multifacetado do ABA na resistência a doenças. *Trends Plant Science, 14*, 310-317.

Torrance, L., Lukhovitskaya, N. I., Schepetilnikov, M. V., Cowan, G. H., Ziegler, A., & Savenkov, E. I. (2009). Estratégias incomuns de movimento de longa distância de RNAs do Potato mop-top virus em Nicotiana benthamiana. *Molecular Plant-Microbe Interactions, 22*(4), 381-390.

Torrance, L., Wright, K., Crutzen, F., Cowan, G., Lukhovitskaya, N., Bragard, C., & Savenkov, E. (2011). Características incomuns do movimento do RNA pomoviral. *Fronteiras em Microbiologia, 2*, 259.

Torres-Barcelo, C., Martfn, S., Daro' S, J. A., & Elena, S. F. (2008). Da hipo - à hipersupressão: efeito de substituições de aminoácidos na atividade supressora de silenciamento de RNA do Tobacco etch potyvirus HC-Pro. *Genetics, 180*, 1039-1049.

Truman, W., Bennettt, M.H., Kubigsteltig, I., Turnbull, C., & Grant, M. (2007). A imunidade sistémica da Arabidopsis utiliza vias de sinalização de defesa conservadas e é mediada por jasmonatos. *Proceedings of the National Academy of Sciences USA, 104*, 1075-1080.

Ueki, S., & Citovsky, V. (2006). A interrupção do transporte viral como base para a resistência das plantas à infeção. Em *Natural Resistance Mechanisms of Plants to Viruses* (*Mecanismos de resistência natural das plantas aos vírus*) (pp. 289-314). Springer, Países Baixos.

Urcuqui-Inchima, S., Haenni, A.L., & Bernardi, F. (2001). Proteínas de Potyvirus: A wealth of functions. *Virus Research* 74, 157-175.

Valkonen, J. P. T. (2002). Natural resistance to viruses. Em Khan, J. A., & Dijkstra, J. (Eds.), *Plant Viruses as Molecular Pathogens* (pp. 367-397). Food Products Press, Nova Iorque, EUA.

Valli, A., Martm-Hernandez, A. M., Lopez-Moya, J. J., & Garcia, J. A. (2006). Supressão do silenciamento do RNA por uma segunda cópia da serina protease P1 do Cucumber vein yellowing ipomovirus, um membro da família Potyviridae que não possui a cisteína protease HCPro. *Journal of virology, 80*(20), 10055-10063.

Van der Krol, A. R., Mur, L. A., Beld, M., Mol, J. N., & Stuitje, A. R. (1990). Flavonoid genes in petunia: a adição de um número limitado de cópias de genes pode levar a uma supressão da expressão genética. *The Plant Cell, 2*(4), 291-299.

Van Hoof A.A., & Rozendaal, A. (1969). Het voorkomen van 'Potato mop-top virus' in Nederland. *Netherlands Journal of Plant Pathology, 75*(1), 275.

Van Verk, M.C., Pappaioannou, D., Neeleman, L., Bol, J.F., & Linthost, J.M. (2008). Um novo fator de transcrição WRKY é necessário para a indução da expressão do gene *PR-1a* por ácido salicílico e elicitores bacterianos. *Plant Physiology, 146*, 1983-1995.

van Wezel, W. R. et al. A mutação de três resíduos de cisteína na proteína C2 do Tomato yellow leaf curl virus-China causa disfunção na patogénese e supressão pós-transcricional de genesilenciamento. Mol. Plant Microbe Interact. 15, 203-208 (2002).

Vanitharani, R., Chellappan, P., Pita, J.S., Fauquet, C.M., 2004. Differential roles of AC2 and AC4 of cassava geminiviruses in mediating synergism and suppression of post transcriptional gene silencing. J. Virol. 78, 9487-9498.

Varallyay, E., Valoczi, A., Agyi, A., Burgyan, J., & Havelda, Z. (2010). A indução de miR168 mediada por vírus de plantas está associada à repressão da acumulação de ARGONAUTE1. *The EMBO Journal, 29*(20), 3507-3519.

Vargason, J. M., Szittya, G., Burgyan, J., & Hall, T. M. T. (2003). Reconhecimento seletivo do tamanho do siRNA por um supressor de silenciamento de RNA. *Cell, 115*(7), 799-811.

Varsani, A.A.L., Williamson, D.S., & Rybicki, E.P. (2006). Expressão transiente da proteína L1 do papilomavírus humano tipo 16 em *Nicotiana benthamiana* usando um vetor infecioso de tobamovírus. *Virus Research* 120, 91-96.

Vlot, A.C., Dempsey, D.A., & Klessig, D.F. (2009). Ácido salicílico, uma hormona multifacetada para combater doenças. *Revisão Anual de Fitopatologia, 47*, 177-206.

Voinnet, O. (2001). RNA silencing as a plant immune system against viruses. *Tendências em Genética*, *17*(8), 449-459.

Voinnet, O. (2002). RNA silencing: small RNAs as ubiquitous regulators of gene expression. *Current Opinion in Plant Biology*, *5*(5), 444-451.

Voinnet, O. (2005). Induction and suppression of RNA silencing: insights from viral infections. *Nature Reviews Genetics*, *6*(3), 206-220.

Voinnet, O. (2009). Origin, biogenesis, and activity of plant microRNAs. *Cell*, *136*(4), 669-687.

Voinnet, O., Lederer, C., & Baulcombe, D. C. (2000). A viral movement protein prevents spread of the gene silencing signal in Nicotiana benthamiana. *Cell*, *103*(1), 157-167.

Voinnet, O., Pinto, V.M., & Baulcombe, D.C. (1999). Supressão do silenciamento de genes: uma estratégia geral usada por diversos vírus de DNA e RNA de plantas. *Proceedings of the National Academy of Sciences of the United States*, *96*, 14147-14152.

Voinnet, O., Pinto, Y. M. & Baulcombe, D. C. Supressão do silenciamento de genes: uma estratégia geral utilizada por diversos vírus de ADN e ARN. Proc. Natl Acad. Sci. USA96, 14147-14152 (1999).

Voinnet, O., Rivas, S., Mestre, P., & Baulcombe, D.C. (2003). Um sistema de expressão transiente melhorado em plantas baseado na supressão do silenciamento de genes pela proteína p19 do vírus do enfezamento do tomateiro. *Plant Journal* 33, 949-956.

Wang, H., Buckley, K. J., Yang, X., Buchmann, R. C., & Bisaro, D. M. (2005). Inibição da adenosina quinase e supressão do silenciamento de RNA pelas proteínas AL2 e L2 do geminivírus. *Journal of virology*, *79*(12), 7410-7418.

Wang, X.B., Jovel, J., Udomporn, P., Wang, Y., Wu, Q., Li, W.X., Gasciolli, V., Vaucheret, H., & Ding, S.W. (2011). Os pequenos RNAs interferentes secundários virais de 21 nucleotídeos, mas não de 22 nucleotídeos, direcionam uma potente defesa antiviral por dois argonautas cooperativos em *Arabidopsis thaliana*. *Plant Cell*, *23*, 1625-1638.

Wang, Y., Tzfira, T., Gaba, V., Citovsky, V., Palukaitis, P., & Gal-On, A. (2004). Análise funcional da proteína 2b do vírus do mosaico do pepino: patogenicidade e localização nuclear. *Journal of General Virology*, *85*(10), 3135-3147.

Ward, C. W., & Shukla, D. D. (1991). Taxonomia dos potyvírus: problemas actuais e algumas soluções. *Intervirology*, *32*(5), 269-296.

Watanabe, Y., Kishibayashi, N., Motoyoshi, F., & Okada, Y. (1987). Caracterização da ação do gene Tm-1 na replicação de isolados comuns e de um isolado de TMV que quebra a resistência. *Virology*, *161*(2), 527-532.

Wege, C., Siegmund, D., 2007. Synergism of a DNA and an RNA virus enhanced tissue infiltration of the begomovirus Abutilon mosaic viru (AbMV mediated by cucumber mosaic virus (CMV)). Virologia 357,10-28.

Westwood, J. H., Lewsey, M. G., Murphy, A. M., Tungadi, T., Bates, A., Gilligan, C. A., & Carr, J. P. (2014). A interferência com a expressão gênica regulada pelo ácido jasmônico é uma propriedade geral dos supressores virais do silenciamento de RNA, mas explica apenas parcialmente as mudanças induzidas pelo vírus nas interações dos plantaphid. *Journal of General Virology*, 95(3), 733-739.

Whitham, S.A., Quan, S., Chang, H.S., Cooper, B., Estes, B., Zhu, T., Wang, X., & Hou, Y.M. (2003). Diversos vírus RNA provocam a expressão de conjuntos comuns de genes em plantas susceptíveis de Arabidopsis thaliana. *Plant Journal*, *33*: 271-283.

Whitworth, J.L., & Crosslin, J.M. (2013). Deteção do *Potato mop top virus* (*Furovirus*) na batata no sudeste de Idaho. *Plant Disease*, *97*(1), 149.

Wintermantel, W. M., Cortez, A. A., Anchieta, A. G., Gulati- Sakhuja, A., & Hladky, L. L. (2008). A co-infeção por dois crinivírus altera a acumulação de cada vírus de uma forma específica do hospedeiro e influencia a eficiência da transmissão do vírus. *Phytopathology*, 98, 1340-1345.

Xiong, Y., Contento, A. L., Nguyen, P. Q., & Bassham, D. C. (2007). Degradação de proteínas oxidadas por autofagia durante o stress oxidativo em Arabidopsis. *Plant Physiology*, *143*(1), 291299.

Xu, H., DeHaan, T.L., & De Boer, S.H. (2004). Deteção e confirmação do *Potato mop-top virus* em batatas produzidas nos Estados Unidos e no Canadá. *Plant Disease*, *88*(4), 363-367.

Yambao, M. L. M., Yagihashi, H., Sekiguchi, H., Sekiguchi, T., Sasaki, T., Sato, M., Atsumi, G., Tacahashi, Y., Nakahara, K. S., & Uyeda, I. (2008). Mutações pontuais na protease do componente auxiliar do vírus da veia amarela do trevo estão associadas à atenuação da atividade de supressão do silenciamento do RNA e à expressão de sintomas na fava. *Archives of Virology*, *153*, 105115.

Ye, K., Malinina, L., & Patel, D. J. (2003). Reconhecimento de pequenos RNAs de interferência por um supressor viral de silenciamento de RNA. *Nature*, *426*(6968), 874-878.

Yelina, N. E., Savenkov, E. I., Solovyev, A. G., Morozov, S. Y. & Valkonen, J. P. Long-distance movement, virulence, and RNA silencing suppression controlled by a single protein in hordei- and potyviruses: complementary functions between virus families. J. Virol. 76, 12981-12991 (2002).

Yelina, N. E., Savenkov, E. I., Solovyev, A. G., Morozov, S. Y., & Valkonen, J. P. T. (2002). Movimento de longa distância, virulência e supressão de silenciamento de RNA controlados por uma única proteína em hordeie potyviruses: funções complementares entre famílias de vírus. *Journal of Virology*, *76*, 12981-12991.

Yla-Anttila, P., Vihinen, H., Jokitalo, E., & Eskelinen, E. L. (2009). Monitorização da autofagia por microscopia eletrónica em células de mamíferos. *Métodos em enzimologia*, *452*, 143-164.

Yoon, J.Y., Choi, S.K., Palukaitis, P., & Gray, S.M. (2011). Infeção mediada por Agrobacterium de plantas inteiras por vírus do anão amarelo. *Virus Research*, *160*, 428-434.

Yoshimoto, K., Jikumaru, Y., Kamiya, Y., Kusano, M., Consonni, C., Panstruga, R., ... Shirasu, K. (2009). A autofagia regula negativamente a morte celular, controlando a sinalização do ácido salicílico dependente de NPR1 durante a senescência e a resposta imune inata em Arabidopsis. *The Plant Cell*, *21*(9), 2914-2927.

Yu, D., Fan, B., MacFarlane, S.A., & Chen, Z. (2003). Análise do envolvimento de uma RNA polimerase dependente de RNA induzível de Arabidopsis na defesa antiviral. *Molecular Plant-Microbe Interaction*, *16*, 206-216.

Yu, I. C., Parker, J., & Bent, A. F. (1998). Resistência à doença gene por gene sem a resposta hipersensível no mutante Arabidopsis dnd1. *Proceedings of the National Academy of Sciences*, *95*(13), 7819-7824.

Yusibov, V. M., & Mamedov, T. G. (2010). As plantas como um sistema alternativo para a expressão de antigénios de vacinas. *Actas da ANAS*, *65*, 195-200.

Yusibov, V., & Rabindran, S. (2004). Vectores de expressão viral de plantas: história e novos desenvolvimentos. *Molecular Farming: Plant-Made Pharmaceuticals and Technical Proteins*, 7790.

Zamyatnin, A.A., Solovyev, A.G., Bozhkov, P.V., Valkonen, J.P., Morozov, S.Y., & Savenkov, E.I. (2006). Avaliação da topologia da proteína de membrana integral em células vivas. *Plant Journal*, *46*, 145-154.

Zhang, C., Grosic, S., Whitham, S. A., & Hill, J. H. (2012). A exigência de múltiplos genes de defesa na resistência extrema mediada por Rsv1 da soja ao vírus do mosaico da soja. *Molecular PlantMicrobe Interactions*, *25*(10), 1307-1313.

Zhang, H., Zhao, J., Liu, S., Zhang, D. P., & Liu, Y. (2013). Tm-22 confere diferentes respostas de resistência contra o vírus do mosaico do tabaco dependentes de seu nível de expressão. *Molecular Plant*, *6*(3).

Zhang, X., Yuan, Y. R., Pei, Y., Lin, S. S., Tuschl, T., Patel, D. J., & Chua, N. H. (2006). O supressor 2b codificado pelo vírus do mosaico do pepino inibe a atividade de clivagem de Arabidopsis

Argonaute1 para combater a defesa da planta. *Genes e Desenvolvimento, 20*(23), 3255-3268.

Zhou, J., Yu, J. Q., & Chen, Z. (2014). O papel desconcertante da autofagia nas respostas imunes inatas das plantas. *Patologia Molecular das Plantas, 15*(6), 637-45.

Zhu, F., Xi, D.H., Yuan, S., Xu, F., Zhang, D.W., & Lin, H.H. (2014). O ácido salicílico e o ácido jasmônico são essenciais para a resistência sistêmica contra o *vírus do mosaico do tabaco* em *Nicotiana benthamiana. Interação Molecular Planta-Micróbio, 27,* 567-577.

Zhuo, T., Li, Y.Y., Xiang, H.Y., Wu, Z.Y., Wang, X.B., Wang, Y., Zhang, Y.L., Li, D.W., Yu, J.L., & Han, C.G. (2014). Motivos de sequência de aminoácidos essenciais para a supressão mediada por P0 do silenciamento de RNA em um isolado do vírus do enrolamento da folha da batata da Mongólia Interior. *Molecular PlantMicrobe Interaction, 27* (6), 515-527.

Zilberman, D., Cao, X., & Jacobsen, S. E. (2003). Controlo ARGONAUTE4 da acumulação de siRNA específico do locus e da metilação do ADN e das histonas. *Science, 299*(5607), 716-719.

Zrachya, A., Glick, E., Levy, Y., Arazi, T., Citovsky, V., & Gafni, Y. (2007). Supressor de silenciamento de RNA codificado pelo Tomato yellow leaf curl virus-Israel. *Virologia, 358*(1), 159-165.

Printed by Books on Demand GmbH, Norderstedt / Germany